初心不忘，一路芳华

赵彩霞 著

吉林出版集团股份有限公司

图书在版编目（CIP）数据

初心不忘，一路芳华 / 赵彩霞著. — 长春：吉林出版集团股份有限公司, 2018.7

ISBN 978-7-5581-5549-9

Ⅰ. ①初… Ⅱ. ①赵… Ⅲ. ①人生哲学－通俗读物 Ⅳ. ①B821-49

中国版本图书馆CIP数据核字（2018）第158256号

初心不忘，一路芳华

著　　者	赵彩霞
责任编辑	王　平　史俊南
开　　本	710mm × 1000mm　　1/16
字　　数	260千字
印　　张	18
版　　次	2018年10月第1版
印　　次	2018年10月第1次印刷
出　　版	吉林出版集团股份有限公司
电　　话	总编办：010-63109269
	发行部：010-67208886
印　　刷	三河市天润建兴印务有限公司

ISBN 978-7-5581-5549-9　　定价：45.00元

CONTENTS 目录

第一章　可输一时不可以输一世

第二章　锲而不舍才能赢到最后

第三章　让每一步奔跑都是无损

第四章　找对属于你的人生跑道

第五章　盯着更远的目标不易输

第六章　循序渐进的努力更可靠

第一章

可输一时
不可以输一世

带着每一次重新来过的勇气去努力

一个好久不联系的姑娘，突然联系我。她说，想来北京，但是不知道能不能找到工作，让我给她一些建议。这个姑娘是我老家的，比我大一点，29岁了，至今单身未婚。之前在老家的某杂志社工作，后来觉得没什么前途就辞职了。她说很喜欢北京，想来看一看，只是现在已经那么大年纪了，只身一人来北京需要付出很大的决心。家里人都在催她结婚，不同意她来北京当个北漂。

我给她的建议，当然是遵从她自己的内心。如果她很想来北京闯一闯，没有什么不可以。大不了失败了再回去，总比抱着缺憾过一辈子强。

事实证明在北京找一份工作也并不难，只要你付出努力，找一份工作在北京存活下来，还是可以做到的。但是我明白她自身的顾虑，如果我说太多就是对她过分强求了。谁也没有办法主宰别人的人生，她的人生我也左右不了，只有她自己能负责。

说一个正能量的例子，去年比较火的王德顺，一个79岁的老头，赤膊上阵走北京T台秀。之前看《重返二十岁》的时候，我搜过他的简历，但是我对他的详细了解，还是在我见到他之后。我读了他送给我的那本《活雕塑》，并且看了他在优酷上的讲演视频，才知道，他49岁时才选择来北京，当时，他抛弃了稳定的工作以及甚至可以解决后半生温饱问题的待遇，跟爱人只身来到北京。刚到北京时，连住的地方都没有，差点流落街头，十年坚持下来，他开始全国巡演话剧，去德国表演哑剧。现在他的境遇可想而知，他用自己的行动告诉了我们，人生没有太晚的开始。

当我看见一个快80岁的老人，活得容光焕发的时候，我想现在20几岁的自己有什么理由不去努力。

在他做出人生艰难的、重大的那个选择的时候，他也犹疑过、踟蹰过，但最终他说服了自己，做出了选择。我们也一样，有时候面对生活，我们也可以选择，只是我们缺乏选择去做自己的那份魄力。我们害怕的与其说是太晚的开始，不如说是害怕面对未知的失败。所以，有些事情，我们只是想了想，还没有付出行动，就认输了。

一个前同事35岁，因为女朋友在广州，他离开了待了8年的北京，只身去了广州。走的时候很多人问他，为什么要走，现在的工作那么好，在北京也很稳定，去了广州，不仅一切要重新开始，而且什么人际关系都没有。

但是实际上呢，他在走之前就找到了去广州之后的工作，而且是一家国企。他向来是一个做事都很有准备的人，在没走之前就开始投简历、找工作。接到过几家不错的公司的offer，最终他选择了那家国企。很多人都怕重新再来，对一个城市依赖，对一份工作依赖，以至于永远停留在原地，不敢踏出那一步。

据说这个同事不久就在广州买房了，他现在的生活也不比在北京的时候差。他浑身散发的气息告诉我，自信的人从来不害怕重新开始。人生有时候需要面对各种重新来过，如果你没有勇气开始，你就只能永远原地踏步。

另一个前同事，也在公司待了8年，一直都是一个普通岗位的员工，没有加过薪，也没有升过职。很多人问他为什么不跳槽，不出去找一份更好的工作，因为他日复一日年复一年在一个岗位，没有变化的工作，看起来的确没有什么意义。8年前他才20多岁，现在一转眼他就30多了，以前他一人吃饱全家不饿，现在他将要面对的是结婚、买房等一些实际的问题。

他说，已经习惯了待在这里，并且也很久没有了解这个行业的变化，早就跟不上行业的发展了，很难再找到一份理想的工作，与其毫无目的地出去找工作，还不如在这个公司继续待下去。

那家公司，听起来的确很好，名气很大，一家在美国纽交所上市的公司，在那里上班，说出去脸上有面儿。但这对他来说，其实是在自欺欺人，因为我们活着不是为了别人眼中的自己。他不敢重新开始，重新迈出那一步，他只能一直停留在那里，拿着一成不变的工资，过一成不变的生活。30多岁害怕一无所有，没有勇气重新来过。事实上这不过是你整个人生的一个小小的开始，因为30岁，只是人生的三分之一，你后面还有五六十年要过。

同属一家公司的两个人，会有这么大区别的选择，不禁让我诧异。前面去广州的同事比后面这个同事还要大几岁，这种对比真的很讽刺。

我的爸爸如今也50多岁了，写了一辈子的诗，一辈子想出一本诗集，至今都没出成过。但是，他一直没有放弃过，一直在坚持写诗，甚至在我的建议下，他开始玩豆瓣，在上面发一些短的故事和诗歌。我觉得人只要对一件事情充满热情，就没有什么太晚的开始。因为他对诗的热爱，对他本身的自信，他愿意从头开始。他刚学会用电脑，还不熟练，打字也很吃力，但是他一直在坚持更新豆瓣。这件事最终意义有多大，能给他带来什么，我不知道。但是起码他不觉得自己年纪一大把了还要去学习和改变，是一件不可能的事。

如果你想去做什么，就赶紧去做，不要觉得为时已晚。如果你想学一门语言，哪怕你不再是学生也没什么关系；如果你想学音乐，哪怕你不再年轻也没什么关系。是的，也许你现在不年轻了，但是你以后会更老，而且有那么多人在前面前赴后继，你没有什么好害怕的。

人生无时无刻不在重新开始，就像明天醒来又是新的一天一样，请你做好准备，迎接每一次重新来过的机会。

不经历低谷，哪有人生巅峰

很幸运，我上大学的时候，赶上了淘宝的兴起，我是第一批淘宝卖家，借着马老板的平台，大学期间赚了10几万元。这些钱我没有乱花过一分，都攒了起来（跟我合伙的好兄弟大飞，把他那份买了一辆大众高尔夫，在校园里泡妹子）。大学毕业后，大家不是南下去当个小白领，就是靠着家里的关系进了事业单位，国企，或者考公务员，而我，早已做好了接下来的打算。

大学毕业后的第一年，我在省内的一个小县城，租了一个铺面，开始我的小饭馆的小老板生涯，真的起得比鸡早，做得比牛累。由于做的是烧烤，每天晚上都是到了凌晨两点以后才能睡，碰到酒鬼，闹事，打架的，这一宿是别想睡了。为了省人工，我把自己也当了一个服务员忙活，餐饮业人员流失率很大，我成了我的店的多面手，什么采购、腌制、配料，对了，我还会烤串……不过我也获得我应有的东西。

就是第二年，我开了更大的一家店，就这样周而复始，毕业3年后，我有了4家店。我非常尊崇李先生的经营理念，就是鸡蛋不要放在一个篮子里。餐饮业，每个项目都是有淡旺季的，但是你多开几个项目，淡旺季就会错开，你一年12个月就会每个月都是旺季。这四家店分别是，烧烤、火锅、韩国料理、东北农家菜。

跟同龄人相比，我辉煌过（各种二代除外），每年的年利润，纯利润达到100多万，我靠着自己，没靠家里一分一毫，买了一栋160平方米的江景房子，过着有品质的生活。每天不用去店里，因为我每家店都雇了店长管理，生活得好不自在。当我的同学还在为在公司里做得不顺心，而考虑跳槽去哪家公司而烦恼的时候，我正在考虑要买哪只股票，是否要去投资物流业。我似乎得到了同龄人想要得到的所有的东西，成了一个所谓的成功者。

不过一切似乎没那么顺利，我现在真是信了那句，创业容易，守业难。如果有做餐饮的朋友，就应该能感觉的到，从2010年开始，餐饮业就开始能体验到寒冬的凉意了。从2010年开始，我的店开始不景气，不过我没有注意，因为只是营业额有小量的下滑，但正是因为我的不重视，导致等我开始重视起来，已经晚了，客人大量地流失。

当然，要是经营问题，对我来说也就不是问题，早晚能扶正，也是有很多的因素，压得我喘不过气来。投资的失败，小人的算计，我于2011年年底，破产了，店面出兑，房子卖掉，结果还是欠了几十万的债。

我大学毕业后，是没有上过一天的班的，为了生存，我必须得去找份工作，活下去，是我当时最大的信念。但是，当我发现，我所能找到的所有工作，竟然还没有当时我店里的服务员高，我长这么大，第一次受打击了，我开始怀疑自己的能力。

事实上，如果是仅仅去找一份工作糊口的话，也不是那么困难，困难的是我每个月赚1500元，何年何月才能还清几十万的欠债？债主天天打电话要债，更有些人找了讨债公司，将我毒打一顿，限期内必须还钱，否则要我一只手。

我自己倒无所谓，但是我的父母也每天跟我一样受着精神方面的摧残，我当时真的第一次有了这样的想法：“你为什么要创业！！！为什么不能像普通人一样去上班，去过普通人的生活！！因为你创业，因为你创业失败，所以连累了家人！！”

后来，我做了一个决定，人在困境的时候，真的什么主意都能想出来，人都是逼出来的。因为某个大哥的点拨，也是我自己不甘心一辈子这样不能翻身，我想起了去国外淘金。之后我就开始迅速地操作，过了不久，我就到了地球的另一面，某发达国家开始工作，赚钱。每天工作12小时以上，重体力活，但是这个国家给你报酬，是会让你忘记所有的劳累的。

我拼命地工作，后来，通过工作，网络，结识了当地的一些华人，我们开始组成了一个团体，开始独立出来一起接活，我赚的钱也是我最开始工作的好几倍了。当我攒够了还债的钱，自己也存了一部分以后发展的钱后，我开始考虑未来。

我不可能永远地年轻下去，而且，我也非常羡慕当地白人穿着西装的白领工作，但是这个国家的移民政策异常的紧，有的老大哥来10年了，还是没拿到身份，我不甘心一辈子就这样下去，所以我决定回国，重新开始。我先是把债全部都还了，之后还剩下一部分，我决定去日本留学，提升自己，过自己想要的生活，开始学日语，开始规划自己的未来……对，就是现在，我的故事讲完了。

人生的低谷，每个人都会经历，其实真的没什么可怕的。我当年破产的时候，在卖房子的前一天，曾经一只腿跨过我20楼的家的一扇窗户，准备跳下去解脱自己，被我爸拽了回来。我们父子抱头痛哭，我爸说了我一辈子都忘不了的一句话“男子汉，大丈夫，要坚强！没什么过不去的槛！你要是死了，我和你妈也不活了”！爸爸的这句话，使我坚强，因为我知道了，我的命不光只是我自己的。所以，即使是为了父母，也要好好地活下去。

我们不能选择出生，但能选择前行的方式

前几日，导师六十大寿，师兄弟们前来祝寿，加上我正好十人，凑成一桌。席间，大家先是互道寒暄，彼此了解一下工作情况，接着又聊到了家庭和孩子。

最长的师兄Z大我八届，现在已经是一个设计院的副院长了。按理说，日子应该过得挺潇洒的。可是他一脸愁容，说日子难过。我们不解。他解释道，他小孩快6岁了，马上要升小学，为了能让他读上条件很好的学校，年前他一狠心，在那所小学附近的楼盘买了套价格颇贵的房子。其实他和老婆的工作单位都离他现在住的小区比较近，但是为了孩子，不得不舍近求远。

后来，我们才知道，Z师兄在他小孩读幼儿园期间也没少花钱，那所幼儿园光学费就是3万元起。我们问，何必要这样，小区里的幼儿园按理说应该足够了。Z师兄叹了口气道："不能让孩子输在起跑线上啊。"

这时，沉默了许久的A师兄突然开口道："人这一辈子，又不是百米冲刺，起跑线哪那么重要？路长着呢。"

A师兄出生在一个十分偏远的小山村，据说现在出入那里也没有一条像样的公路。他家祖上N代务农，终年是面朝黄土背朝天。在这样一个贫困又相对闭塞的村子里，谁都没有想过会有一个大学生横空出世。A师兄说，他直到来长沙读大学时才知道，原来还有上幼儿园这一说。在他们那儿，顶多就是读一年学前班，就直升一年级，而且那学前班也是可上可不上的。在城里小孩子上

幼儿园接受双语教育或者特长培训的时候，他们还在那儿玩泥巴堆石子呢。

他的小学老师是个“全才”，从一年级将他们一直带到六年级，并且兼任所有课程的任课老师。不过说所有，其实也只有四门课，语文、数学、自然和思想品德。所以在他们读小学的时候，从来不会将语文老师、数学老师分得这么清楚，他们只有一个统称，就是班主任。

后来，到了镇上初中的时候，由于他从来没学过英语，所以第一次英语考试考得一塌糊涂。他说，那是他第一次因为学习上的事情大哭了一场。后来，他像开了挂似的，吃饭的时候在学英语，睡前在读英语，就连上个厕所也在默记单词。那时候也没有所谓的课外辅导书，所有的学习全凭那本教材，到最后，A师兄说他几乎可以将整本书背下来。

从此，A师兄一路高歌猛进，在初中、高中这六年里，他在学校称第二，就没人敢称第一。高考后，他考入了当时所在大学最好的专业，土木工程。在本科和研究生期间，他一如既往地努力着，毕业后，去了一家还不错的施工单位，最近听说，他马上要升任总工的职位。

A师兄说，有时候，他老爹喝了酒，就会拉着他感慨：“要是你生在一个有钱的人家，让你读书的条件好一点，你肯定能进清华，现在的生活也就更好了。”

每每这时，A师兄就会笑着说：“那谁知道呢，搞不好，就光图享受去了，考不考得上大学还是个问题呢。”

是啊，出身富贵，不见得就一定能成功，同样，出身贫寒，也不会注定一败涂地。是英雄，就不惧自己的出身，努力了，坚持了，上天总会给予相应的馈赠，一切还是掌握在自己手中。

偶尔听到有人抱怨：“我家里就这个条件，要钱没钱，要关系没关系，我能怎么办？”可是，谁说家庭条件不好，输在了起跑线上，就可以心安理得地一路输下去？遇到不顺和失败，就将所有的原因都归结于家庭背景？别那么天真好么？都是成年人了，要知道，起跑线输了，从来都不是中途不能发力的借口，要是自甘堕落，甭管起跑线多么靠前，亦是枉然。

人的一生最终还是得自己走完的，靠强大的父母是能走得相对轻松一些，但同时也会在轻松中失去一些个人成长中重要的能力。我们从小就应该学会，现在所有的一切都是父母的，在艰难的时刻，父母可以帮你一把，但不能时时都指望着父母，我们想要的，最终还是必须由自己去争取。

突然想到一个问题，“不要让自己的孩子输在起跑线上”这句话到底谁用得最多？其实细细一想，无非两个行业，房地产和培训机构。再细细一想，感觉所有的原因就不言而喻了。

人生是一场马拉松，不可能所有的选手都站在同一条起跑线上，也不见得站在最前面的就一定能赢得比赛。

我们选择不了出身，也选择不了阻碍在我们前进路上的现实困境。但是我们可以选择前进的方式，是跑？是走？是爬？还是原地不动？但不管怎样，请不要随意对自己说，我的人生就到这里了。

人生就像是一场远行，或许我们前半段的道路泥泞不堪，但也请风雨兼程。相比于那些顺风顺水的人，我们无非是走得累些。最多是在登上顶峰之后，我们精疲力竭，但我们确信看到了世间最美的风景。

起点到终点，还有无数个可以利用的机会

人生的起点是无可选择的，而起点和终点之间却充满着无数个可以利用的机会。对于输在起点的人，锲而不舍才是他们的信条，只要不懈地努力，就会赢在终点。

人永远没办法选择出身，人们出生时并没有站在同一条起跑线上。很少有人天生就得到一副好牌：不同一般的家庭背景、超常的智力、充沛的精神以及命定的幸运。多数人并不是这样。当我们出生在一个普通人家，容貌平平，记忆欠佳，缺乏眼界和财力，甚至可能更糟……面对这一切，我们无法不去怀疑成功的可能性。

但请记住：人的一切命运，都是自己选择的结果。有的人失去了双臂，却能用脚写得好字；有的人失去了双目，却能凭感觉走出火海。一开始便处于劣势的人，有时却能有一技之长，胜过众人。人生的起点虽然无可选择，而起点和终点之间却充满着无数个可以利用的机会。

艾森豪威尔年轻时，经常和家人一起玩纸牌游戏。一天晚饭后，他像往常一样和家人打牌。这一次，他的运气特别不好，每次抓到的都是很差的牌。开始时他只是有些抱怨，后来，他便发起了少爷脾气。一旁的母亲看不下去了，正色道："既然要打牌，你就只能用你手中的牌打下去，不管牌是好是坏。要知道，好运气不可能永远光顾于你！"

艾森豪威尔听不进去，依然愤愤不平。母亲就心平气和地告诉他："其

实，人生就和打牌一样，不管你打的牌是好是坏，你都必须拿着。你能做的，就是让浮躁的心情平静下来，然后力争把自己的牌打得最好！”

母亲的话有如当头一棒，令艾森豪威尔在突然之间对人生有了直观的感悟。此后，他一直牢记母亲的话，并以此激励自己去努力进取、积极向上。就这样，他一步一个脚印地向前迈进，成为中校、盟军统帅，最后登上了美国总统之位。

当你面对恶劣的起点时，请不要一味地抱怨，因为现状不会因为你的抱怨而有所改变。此时你能够做的，或者说应该做的，就是如何调整好心态，将手中并不算好甚至还有点糟糕的牌优化组合，并力求把每张牌都打好。

赢在起点的人很多，但起点的优势却让他们懈怠，最终泯灭。反倒是一些输在起点的人，却能赢在终点。韩信将兵可谓“多多益善”，且“战必胜，攻必克”。可他少年时却一事无成，游手好闲，还蒙受了胯下之辱。相比于项羽儿时“彼可取而代之”的豪气，韩信可以说是已经输在起点上了。可他后来苦读兵书，焚膏继晷，夜以继日，终得以大成，投得明主，终得以“连百万之兵”，并且打败了项羽，赢在了终点。

人的一生难免会碰上许多问题，遇到不少挫折，在面对问题和挫折时，怨天尤人解决不了任何问题。积极地调整好生活态度，勇敢地迎接人生的挑战，并尽最大的努力去做好每一件事，这才是最明智的做法。输在起点，不能说明什么，只要用心专一，锲而不舍，便能赢在终点。

洛克菲勒上中学时，一天下午，有一位摄影师来拍一些学生上课时的情景照。洛克菲勒那双兴奋的眼睛注视着那位弯腰取景的摄影师，希望他早点把自己拉进相机里。但令洛克菲勒失望的是，那个摄影师却用手指着洛克菲勒对老师说：“你能让那位学生离开他的座位吗？他的穿戴实在是太寒酸了。”当时只是个弱小学生的洛克菲勒无力与老师抗争，只得默默地站起身来。在那一瞬间，洛克菲勒感到自己的脸在发热，但他并没有动怒，也没有自哀自怜，更没有暗怨自己的父母没有让自己穿得体面些，因为他知道，父母为他能受到良好的教育已经竭尽全力。

看着在那位摄影师调动下拍摄的场面，洛克菲勒攥紧了拳头，向自己郑重发誓：总有一天，我会成为世界上最富有的人！让摄影师给你照相算得了什么，让世界上最著名的画家给你画像才是你的骄傲！

后来，洛克菲勒在给儿子约翰的信中回忆了这个刻骨铭心的经历："约翰，我的儿子，我那时的誓言已经变成了现实。在我眼里，侮辱一词的词义已经转换，它不再是剥掉我尊严的利刃，而是一股强大的动力，排山倒海一般，催我奋进，催我去追求一切美好的东西。如果说是那个摄影师把一个穷孩子激励成了世界上最富有的人，似乎并不过分。"

无论你的自身起点多么不好，你的身世多么不幸，只要你有积极的心态，你就能成为一个有价值的人，你就能交上好运获得成功！成功来源于强烈的企盼，孕育于痛苦的挣扎，是追寻自我，敢于冒险，最终超越自我的一种必然。只要付诸奋斗，成功就会向你招手。

起点低，没关系，但起点低绝对不是没志气。不论何时，都要高悬理想的明灯，树立起强大的精神支柱。当你受到屈辱时，把它狠狠地嚼碎，然后吞到肚子里消化掉，化成一股热量，向前奔跑！对于输在起点的人，锲而不舍才是他们的信条，只要不懈地努力，总会赢在终点！

我用微笑应对 最艰难的时刻

女友发来微信说周末要搬家，她在公司附近租了房子，节省了路上的时间，工作之余可以多陪陪两岁的女儿。女友说：“我也要好好打理家，像你一样认真洗衣、做饭，让爸妈和女儿生活的安稳些，现在我是家人的依靠。”女友离婚一年，我看着她从最初的慌乱无助渐渐走向平静从容，其中的艰难和挣扎即便她不说，我也能感同身受，她终是好起来了。女友说：“这一年我深刻体会到了生活的压力，因为没有依靠，我只能选择坚强面对，就像练瑜伽‘要看起来很轻松，其实你很用力’，你一直都是这样生活的对不对？”

是的，我一直都是这样的，也一度因为如此，我有过挥之不去的孤独感，而写文字也是一份极尽孤独的工作。但孤独在生命的某些阶段也会是一种沉淀，在孤独的时候积蓄力量，才能在不孤独的时候绽放才华。凡是那些害怕孤独，整日里在饭局、酒桌、歌厅、人群里寻找存在感的人，一定会淹没在芸芸众生里，每个人看上去都活得很用力，轻松的却从来不是心。孤独会让你变得出众，而不是不合群不好相处，彪悍的人生不需要解释，很多人都只是我们的路人甲，当我愿意极尽温柔的时候，一定是对那些值得的人。我不浪费情感，情感自然就不会受伤，我还是不忙，因为一直有享受生活和情感的时间。

谁的生命中都有过一段特别艰难的时光，如何度过其实并没有什么特别好的办法，有时候或许还会持续很久。我也曾走进最深的黑暗窒息到心生绝望，但每每这时我就会告诉自己，该来的都来吧，反正我已经失无所失。我挺住了不倒下，运动健身不生病，还要打扮漂亮去和女友喝下午茶，然后站在雨夜的路边，等属于我的那一个晴天。你一定会问我：“你等到了吗？”我也一定会告诉你：“穿越了悲伤的生活就会展露笑颜，克制了有条件做却不能去做的冲动，情感才会渐入佳境，当我面对诸多麻烦也能平静应对不言苦痛，心就会慢慢被自己的纯真暖过，原来我才是那一个晴天里的阳光，也明媚了别人的眼睛。”

这世上原本没有解决不了的事情，只有不想解决事情的人，如果真是没有办法了，我们还可以把它交给时间，自己什么都不想也什么都不做，拖着拖着就黄了，晾着晾着就凉了，冷着冷着就忘了。很多人都在感叹世态炎凉，于是都为此有了一部自己的哀伤，可究竟有多少世态炎凉是真正和我们有关的？那些哀伤里免不了也有自己拉开的序幕，或者自己搬起的石头。换句话说，你做人越挑剔，越算计，越虚伪，你看到的人性之恶就越多，你经历的世态炎凉也就越多，即便有一时得意，那心底的空虚也会如影随形。如果换上了“成功强迫症”，我们又容易活得用力过猛，过分强调自己的能力或是证明自己的优秀，往往是因为骨子里无处不在的脆弱和自卑。那些在世态里摸爬滚打却不道炎凉，看起来波澜不惊的人，才活得真正用力，哪怕迎风接雨也要用一个最漂亮的样子，所以看起来永远生活得很轻松。

身在路上都会在一些成与不成，爱与不爱，走与不走之间苦痛伤愁，原本都没什么大不了的，这只能证明我们曾经爱过和执着过，结果有好有坏，有聚有散，实际上我们应该有承受的能力，毕竟都是自己最初的选择。而那些在伤痛里爬不起来的身影，失去的其实是自信与勇敢，这两点，别人给不了但也毁不掉，我们自己给自己，也只能自己救自己。在一些不屑的骄傲里，也有着生存的智慧，生活的美好里也包含着残酷，你善良它就美好，你阴暗它就残酷。

文字的力量之所以有限，是因为我们只看自己认为需要的东西，心灵鸡汤之所以变成了打鸡血，是因为迷茫的我们总相信努力就可以把自己带向成功，可拼错了方向才华也是一种浪费，看起来就急功近利的脸实在不可能让你达成所愿。我并不认为单纯地换位思考就能让我们走出困惑，而是切合实际地为自己制订短期计划，终于开始迈向新世界的第一步才是重中之重。很多人都是看起来活得很用力，甚至拼到了矫情，当“努力”漫天飞，“忙”字总刷屏的时候，本该轻松的生活变成了活给别人看的木偶剧，本该是港湾的家倒成了最不安稳的隐患。

很多人问我：“你如何度过人生最艰难的时光？”除了硬挺着做好手边能做的事，我依旧无良方可给，但那种能够排解烦恼和孤独的好心情倒是有办法找到的。今晚的北京在冷空气过后变得月朗星稀起来，正是去故宫散步的好时候，宫墙柳和角楼上的月色，筒子河畔三三两两散步、跑步的男女，空无一人的午门前广场，走着走着就又心生了希望，至少我还可以来这里触摸这个城市最厚重又最柔美的地方。我从来都不觉得自己是坚强的，所以没事不惹事，但也不觉得到底能有什么好怕的，所以事来不怕事。看起来我活得很轻松，是因为我不想辜负了年华，不想慢待了生活，不想薄凉了情感。其实我一直很用力，是因为年华易老我还要拼脸，生存很难我又要拼才华，情感好沉我要在拼脸也要拼才华之后，才能长成一棵会开花的树，从此不再寻找不再失去。

当你在不那么美好的日子里也能风姿绰约，在不那么体面的挣扎中也能保持笑容，就能感受到晴天里的暖阳是一种很用力的幸福，雨天里的等待本该是一种很轻松的姿态。

不公平才不是你不求上进的借口

工作中常会遇到不公平的事情：

你被要求随时待命，别的部门却可以自由休假；

一样的薪水，你效率高所以每天要做更多事，而那些动作慢的人却在磨洋工；

你自认卖命干活没被看在眼里，但那个更晚进公司的同事表现一般，却莫名其妙地升职；

你每天早出晚归，加班工作，却偏偏有人能提前下班接小孩。

你抱怨这世界不公，控诉多重标准，觉得自己那么努力却没得到应有的对待，可是很多时候，这“多重标准”和“不公平”可能仅是你一厢情愿而已。

[你正当着别人口中的“烂人”还不自知]

看到同事深得老板欢心，你不以为然，撇了撇嘴：“还不是因为嘴巴甜？我还不屑于去拍老板马屁呢！”

你忘了自己在老板面前除了手抖，嘴里憋出来的也只有好话而已。

看到新人被提拔，你很受伤，好几个晚上睡不好觉，满脑子就是“为什么？凭什么”！

你忍住不让玻璃心破碎，勉强控制住心理落差，开始自我安慰：“还不是因为运气好？一来就参与了全公司最重要的案子，遇上了一个赏识他的主管。”

你有意无意忽略了一个事实：其实自己也参与了这个案子，而且也在那个主管的团队工作过。

你故意不去细想，自己曾在老板面前信誓旦旦“我会努力做好的”，然后转身之后笑笑就忘了，一切照旧。

而那个被提拔的新同事，连续几天都在加班，他把那个被你认为不成熟的方案改了又改，虚心请很多人提了修改意见，又花了几天时间继续完善，直到全部门达成共识。

类似的事情不胜枚举，只是你都选择性地看不见。

表面上你可能看到主管常常晚到，但却看不到他前一晚处理公司事务直至凌晨。

你对其他同事提前回家接小孩感到愤愤不平，却不知道那些同事回家后还需要继续工作把任务完成。

醒醒吧，你对别人的高标准和对自己的低标准，才是导致你到现在还不够优秀的真正原因。

其实，你也常常做着那些自己看不上的事儿。只是那么容易被自己理解和原谅，而别人做的时候，就变得格外刺眼。

那是因为，在他们身上，你看到了自己不愿面对的无力感。还因为，障眼法会让你不优秀这个事实，变得容易接受一些。

你用多重标准，轻易为自己的不长进和惰性开脱。

[“男女有别”是病得治]

曾听过一个故事：在某个跨国公司年会的小型研讨会上，来自各地的代表齐聚一堂，先后分享所在区域的工作进展。

有一位女代表在提到工作中的阻碍时，忍不住潸然泪下，抽泣不止。

这突发的情形把当时所有在座的男性都吓到了，他们不知该如何是好，现场一片沉默，会议甚至一度中断。

在随后的好几年的年会中，男代表们闲谈时还会提起“那个情绪失控的女人”。

而在类似的另一个会议上，当HR代表们说起公司在薪资改革时遇到的阻力时，有个男代表说着，竟然失声哭了起来。

大家也都吓坏了，但随即有几个女性走近这位男代表，拍拍他的肩膀，轮番安慰他。

之后的几年，这位男代表多次在年会上被提到。

不同的是，女代表们认为他是个性情中人，一定是因为工作压力太大，才会忍不住情绪失控。

我们当然不会鼓励在职场上轻易“哭泣”，你的泪水可能会变得很廉价，甚至很有可能招来轻蔑，进而会影响职业形象。

但从男性和女性对同一事件的不同反应来看，职场上的“男女有别”真的很严重。

虽然在这个看脸的社会，男人的穿着打扮也越来越重要，但这个“多重标准”对女性却更加严苛得多。

有研究表明，愿意花时间精心打扮的职场女性比素面朝天的女人更容易获得晋升和加薪。

正因为这样的多重标准存在，很多聪明的女人，也就尽力去避免在这方面吃亏。

职场的多重标准即使在Facebook这样前卫的公司也不例外。老板小扎可以一年到头只穿灰色T-shirt，而首席执行官Sheryl Sandberg却得注重着装得体而优雅，以平衡一下老板的“不修边幅”。

实际上，身为首席执行官完全可以爱穿什么就穿什么，但正因为理解了“女强人”的不容易，她选择了不去硬碰硬。

关于职场对女性的严苛，Sheryl有过一个论述：

When a man is successful, he is liked by both men and women. When a women is successful, people of both genders like her less.

这说法是很一针见血的。当一个男职员基于自己的工作去跟老板谈升职时，会被看成是自信成熟的表现，而女性去要求时，却会被看成是傲慢、自大。甚至会有“主动求潜”的嫌疑。

更可怕的是，女职员比男职员，对那些主动要求要升职和加薪的女性，产生的偏见更重。

多重标准这个恶，不仅让女性身处劣势，还让女性之间相互挤对，更加挤压了女性发展的空间和自由。

[有种伤害叫杀熟]

多重标准不仅在职场中无处不在，在生活中也同样存在。

你把爱人的付出视为理所当然，你抱怨他忘了初吻纪念日，却也选择性地忘了他的生日。你对外对人很礼貌，回家却一秒变身咆哮帝。

你举着“爱是包容”的大旗，肆无忌惮地把累积了一天的坏情绪，在进门的那一刻，狠狠地甩给家人。

你把父母的爱视为鸡肋，你抱怨他们在你小时候对你陪伴不够，却在成年后连回家过年都做不到。

你不就是吃定了他们的爱吗？为什么爱你成了一件那么倒霉的事？

多重标准是你心里最大的恶。

于己，它让你只盯着别人的不足而忘了检讨自己，它让你找到了无穷的借口，患上了“进步拖延症”。

它让你总是在“不公平”的感觉上麻痹自己，却迟迟不去行动和改变。

于他人，多重标准让你忽视了“没有哪个人会随随便便成功”这个事实。

所有精彩的人，背后多是别人看不见的努力和汗水，而你却坚持戴着有色眼镜。

你披上多重标准这层外衣，借着对“晋升新人”们的不屑，抒发着各种不甘，借以缓解苦闷生活带来的压力。

你以为，转过头去，不面对镜中的真实自己，就可以逃避掉“我要努力”。

醒醒吧！

不管愿不愿意，剥开这层外衣后，里面没别的，就只有你赤裸裸的懒惰和不上进而已！

你的软弱是你变强的最大动机

[1]

一个女孩在公众号给我留言：“像我这样卑微的姑娘，该这么办？”

我无法给出答案，因为提出的问题本身就有问题，答案自然没有意义。首先，这个世界上并没有“迷茫”一说。所谓的迷茫，只是不够坚强。当你对目标的渴望达到足够强时，你会找到世界上一切难题的解决办法。

接下来是关键问题，贴上“卑微”这个标签，对自己真的有好处吗?

两年前，我应师妹邀请，去给一家三本学校的学生讲心理健康讲座。之前一个星期我都在整夜备课。头两次效果不错，听众越来越多，然而到了第三场的时候，我遭遇了人生中一次重大耻辱。

当听众到齐，我一如既往地走上讲台准备讲课时，师妹跑上来告诉我：“师兄，下来吧，我们处长刚找了一个985大学的专家，这次他讲。”

我生气地问师妹：“你为什么不提前告诉我，我人都来了！”

师妹说，处长和这位专家有一点项目合作，于是这次讲座就变成了讨好专家的赠品。她知道对我很不公平，于是向处长据理力争。处长最终决定，前两个小时专家讲，最后半个小时我讲。

我决定留下来，因为我向来做事有始有终。

专家和处长迟到了半小时才姗姗来迟，我上去热情地打招呼。自我介绍完毕，专家鄙夷地对我说：“同台演讲你不够格，你当我的研究生还差不多！”

我说：好啊，那我来报考您的博士吧。

专家冷冷地说：已经预定了，没名额！

处长的语气还算柔和，他说：“周老师，您要是忙您可以先回去！”

无论多么屈辱我都不能当逃兵，我告诉处长，我不忙。

985专家开始了他的讲座，他首先讲了他如何从一个贫困山村的学生奋斗到今天的位置。他极力渲染着当年他家的贫困，然后话锋一转，省略掉他的奋斗过程，如今的他光鲜亮丽。这段过程学生还算认真听，我也认真做着笔记。

接着他开始讲，他们的学校多么大，图书馆多么宏伟，学生多么努力，毕业后月薪上万，教育部每年给他们多少多少拨款等。

此时，学生开始陆续离场，剩下的人也开始吵闹，整个会场秩序一片混乱。即便师妹和处长立即站起来维持秩序，500人的会场也只剩下200多人。

我理解学生的想法，他们对你的学校有多牛并不关心。自从来到三本学校，他们心里就蒙着一层高考失败的阴影。你越是炫耀，他们越是反感。

专家这时候愤怒，拍着桌子说：“你们已经在一个三流大学念书，能听到名校权威教授的讲座是一种荣幸，还这么不努力，你们不觉得是一种耻辱吗？”

这句话彻底激怒了剩下的学生，会场一片哗然，专家气不过，离开讲台拂袖而去。处长赶紧拍拍我说：“周老师，该你上台了，我先去照顾下专家！”

我走上台，放弃了原本准备好的内容，我对着在场的同学说。

“同学们，我接刚才专家的话，我们身在三本学校（我没说三流），我们的确应该耻辱。但是，我们虽然耻辱，但是我们并不自卑，因为促使人进步的最大动力，就是耻辱啊！”

一个学生对我说：“我们的耻辱太重了，已经吞噬了我们的上进心！”

“耻辱并没有什么重不重的，任何强大的力量都可以伤敌也可以反噬自己。

面对我们近乎已经绝望的现实，耻辱是你最后的力量！”我回答这个学生。

学生陆续回到了座位，我开始了今天关于“耻辱才是进步”的讲座。

[2]

我们生来都有很多污名化的标签，比如，女孩，来自农村，单亲家庭，三流大学等。即使出身再高贵的人，都免不了带着这样污名的标签和这些标签所带来耻辱。

耻辱能让人勇敢地面对寂寞而枯燥的成长过程，耻辱也可以让一个人自怨自艾，在困难面前动弹不得。

关键是看，我们怎么应对耻辱。

行为心理学家拉扎勒斯，为此发展出了“应对理论”。应对理论认为，影响我们命运的并不是刺激本身，而是我们对刺激的应对方式。换句话说，并不是因为我是女孩，来自农村，上的是三流大学导致我命运多舛，而是因为我们困在了这些标签里难以自拔，才让我们的生活陷入困境。

回想一下生活中，你一直给自己贴着什么样的标签？卑微的女孩，内向的少年，不幸的傻瓜，痴情的被抛弃者。然后再想一下，这些标签到底带给你了什么？

撕了这些标签吧！你就是你，这个世界上不一样的烟火。你只是个生活的勇者而已，除此之外你什么也不是。

成熟的应对方式是“解决问题”和“升华”，这两种应对方式都带来标签的弱化。精武门中陈真虽然天赋异禀，但他心中带着“青帮的混混”这个标签，霍元甲不断地引导他放下这个标签，体会侠之大者“无我”的境界，最终陈真成为一代宗师。所谓“无我”就是放弃原本的自我标签，不断探索自身内在潜力。这就是人生修炼的终极强大之路。

对于名牌大学的教授，我只是个普通大学的讲师而已，可这并不影响我在教学技巧之路上超越教授。或许正因为我是普通大学的老师，我才能更加共鸣三本学校学生的心理，这便是我的优势。（升华应对）

假如我离去，会让为我据理力争的师妹处境艰难。也许我可以到处诉说，这件事给我带来的不公，但只会加重自己的自卑而已。要想证明自己确实比专家有价值，哪怕最后只有半个小时，也会是你翻盘的好机会。（解决问题应对）

以下错误的应对方式会带来标签的强化。

（1）谁让我只是个普通学校的老师，比起大牛我很卑微，算了走吧！（自责）

（2）这不公平，我们学校也很强好吧，凭什么他先讲，我要先讲。（否认）

耻辱到底是摧毁你，还是带你给力量？就看你的应对方式是扩大了标签的差异性，还是消除了标签间的不同。

[3]

耻辱本身不是礼物，但如果可以反击那个让你耻辱的人，它就是礼物。

要想舍弃自己的软弱，就诅咒自己的无力吧！有些人可以粉饰自己耻辱，然后继续怡然自乐，这样的人是聪明人；而那些挑战自己耻辱的人是愚蠢的人，但我喜欢这样愚蠢的人。

讲座结束后，师妹拿给了我课酬，我仔细一看是原定的两倍。师妹告诉我，这是他们处长特别交代的。我笑了，我想这所学校以后不会再请我了吧！不过嘛，世界还很大，我还很年轻。

不为得失所扰，不为失败所烦

一切不关外物，一切因心而起。要想在时光的逆旅中快乐行走，重要的是安住身心，不囿于得失，不惮于失败。

于丹做客时下流行的节目《鲁豫有约》时，曾说过这样一段话："人的成长就是，回顾所来径，苍苍横翠微。有时候你突然看见你自己的童年，你看见那么一个不自信的、生涩的、莽撞的自己，就是傻傻地站在时间的那一端，然后你就会觉得，流光能改变人多少心里的痕迹啊。"

是啊，人生短暂，与浩瀚的历史长河相比，世间一切恩恩怨怨、功名利禄皆为短暂的一瞬，一切都会被流光倾覆，一切也都会随着时间而改变。唯一不变的是我们那颗纯真的心。然而太多人在生命的初期总是活在得失的纠结中，活在成功与失败的煎熬中，殊不知，福兮祸所伏，祸兮福所倚。得意与失意，在人的一生中只是短短的一瞬。行至水穷处，坐看云起时。古今多少事，都付谈笑中。

生于俗世，时刻都在取舍得失中，如果能不囿于得失，不惮于失败，平静地面对一切世事，那么就会领悟失之东隅、收之桑榆的真谛。懂得了舍弃的真意，静观万物，体会与世界一样博大的境界，我们自然会懂得适时地有所舍，而这正是我们获得内心平衡、获得安详的好方法，同时也会使我们冷静主动，变得更智慧、更有力量。

那么，我们如何才能真正做到不为得失所扰，不为失败所烦呢？如何才能让内心不为所动呢？禅宗智慧最具启示性。

慧能禅师见弟子整日打坐，便问道：“你为什么终日打坐呢？”

“我参禅啊！”

“参禅与打坐完全不是一回事。”

“可你不是常教导我们要安住容易迷失的心，清静地观察一切，终日坐禅不可躺卧吗？”

禅师说：“终日打坐，这不是禅，而是在折磨自己的身体。”弟子迷茫了。

慧能禅师紧接着说道：“禅定，不是整个人像木头、石头一样死坐着，而是一种身心极度宁静、清明的状态。离开外界一切物相，是禅；内心安宁不散乱，是定。如果执着人间的物相，内心即散乱；如果离开一切物相的诱惑及困扰，心灵就不会散乱了。我们的心灵本来很清净安定，只因为被外界物相迷惑困扰，如同明镜蒙尘，就活得愚昧迷失了。”

弟子躬身问：“那么，怎样去除妄念，不被世间迷惑呢？”

慧能说道：“思量人间的善事，心就是天堂；思量人间的邪恶，就化为地狱。心生毒害，人就沦为畜生；心生慈悲，处处就是菩萨；心生智慧，无处不是乐土；心里愚痴，处处都是苦海了。在普通人看来，清明和痴迷是完全对立的，但真正的人却知道它们都是人的意识，没有太大的差别。人世间万物皆是虚幻的，都是一样的。生命的本源也就是生命的终点，结束就是开始。财富、成就、名位和功勋对于生命来说只不过是生命的灰尘与飞烟。心乱只是因为身在尘世，心静只是因为身在禅中，没有中断就没有连续，没有来也就没有去。”

就像慧能禅师所说的，“财富、成就、名位和功勋对于生命来说只不过是生命的灰尘与飞烟”，一切不关外物，一切因心而起。因此，要想在时光的逆旅中快乐行走，重要的是安住身心，不囿于得失，不惮于失败。

失去不一定是忧伤，反而会成为一种美丽；失去不一定是损失，反倒是一种奉献。只要我们抱着积极乐观的心态，失去也会变得可爱。

普希金在一首诗中写道：“一切都是暂时的，一切都会消逝，让失去的变为可爱。”有时，失去不一定是忧伤，反而会成为一种美丽；失去不一定是损失，反倒是一种奉献。只要我们抱着积极乐观的心态，失去也会变得可爱。

心若向阳，幸运必踏阳而来

人到中年，突然明白，人生常常就是两种情况：顺境和逆境。而且，顺境时的快乐往往是一个一个单丢而来的，逆境时的难怅却往往是成群结队、结伴而行的。

有段时间，我的生活就进入了一种负能量成群、情绪化爆棚、各种不顺跳着街舞就来了的状态。先是鼻炎张牙舞爪三下五除二就将我放倒，于是在朋友的动员下外出躲一躲过敏源。本来带着美好的心情踏上旅程，谁知道一路艰险，泥石流、堵车、悬崖峭壁离合器失灵等等各种状况，差点让我咽气！

要说倒霉，这才刚刚开始。紧接着就是单位被撤、办公设备被搬、工作搁浅、人员分流，年初接的一个小活被告知三审未过，女儿入学无果、儿子晋级无望……这还没完，老家来电，亲人住院、老父亲生病、贷款到期、车胎爆气……整个人就从喜剧乌力吉变成了悲情布鲁克，家里的空气瞬间变得凝重。

那天，找一位朋友诉苦，讲我这些天的郁闷。朋友默默地听着，适时地疏导。他说，在薄情的世界里深情地活着，不外乎就是把自己调成幸运的模式。才发现，生下来活下去的动力就是：我们很幸运！

他给我分析道，有过敏性鼻炎，说明你的身体器官还很敏感，这是不是你的幸事？一路艰险，居然能躲过一场泥石流，是不是应该感谢那场堵车？再过几年，你会感谢那次旅行，它是你人生的一段阅历，或许因为这段旅程，你对生死、对情义也有了别样的感悟，你说你应不应该庆幸有这次刚刚好的行程？

你喜欢自由、喜欢旅行、喜欢摄影和写作，工作搁浅、重新配置，这是更宽松的工作环境，你偷着乐吧！

最后，他择机安慰我说，生活有时候就是换一个角度活着。幸亏生活不仅仅只有A面和B面，生活有时候是多棱镜，有N面等着折射我们的人生。以泪洗面、破罐破摔，都不是活着的目的。墙拆了，就是桥。有时候遇到难过的事，拐一个弯，才发现前面是另一番风景。

朋友说着说着，挽起了裤管，我看见他冰冷的假肢。他说，车祸，最亲的两个人都走了，他在床上躺了4个月。回到家，他当时的心情和我一样，怨老天不公、怨生活苛刻。第二天醒来，依然如昨。

有一天，他发现车祸以来的家里，冷清、萧瑟，曾经精心饲养的花草，因为长时间没有浇水，大多都枯萎了。他看着难受，让物业帮忙统统扔掉。

就在这时，物业的人说，有一盆花活着，还要吗？

他这才望了望窗前。之前忘记关闭窗户，靠窗边的一棵常春藤沿着窗楞的缝隙，居然长出了窗外。那是一个多雨的秋天，就是这树常春藤，居然爬满了窗口，每片叶子都像一枚勋章，傲然挺立，葱茏成一处风景。

那时候的他，本能地脱口而出：幸亏忘记关窗。幸亏，突然成了他心中的一抹亮色。之后，他发现，背运的后面都有一抹暖色，而我们能做的，就是在幸亏的指引下，去找寻那抹生活的暖色。

听他谈话的那天，阴雨天，我走出家门，居然有想找人喝酒的冲动。席间，认识一个年轻人，几次过来敬酒，好像很激动的样子。后来，他断断续续地表达，才知道，我的某篇文章，曾拉他走出他以为的困境。

我把朋友的话原封不动地转送给那位年轻人：生活有很多角度，总有一处躲着一个叫幸运的家伙，等着你！

这段时间，我努力按照朋友说的方式，把自己拽出阴郁的情绪。每次遇到不顺和郁闷的时候，先想想幸运的那一面在哪？居然发现，难过会减半，快乐就会加倍。

我还发现，快乐和痛苦不仅仅是两种情绪，它还是两种思维方式。你的思路完全可以改变它们的走向。生活中的很多事情，其实从你找寻幸运的那一面起，就已经是新的开始了。

台湾作家林清玄说：心随境转是凡夫，境随心转是圣贤。用惭愧心看自己，用感恩心看世界。

才发现，幸运就是一种方向，一个向阳的方向。遇见幸运的时候，快乐也就不远了。

你扛的磨难越大，离理想的自己越近

[1]

我以前有一个下属，北京师范大学的，人长得非常日系，眼睛很大，如同一汪秋水，身材娇小，但却凹凸有致。

总的来说，她跟蔡依林有点像，但要更好看（我还真见过蔡依林真人）。另外，她是广州本地人，待人接物都非常Nice，很有礼貌，说起话来也非常温柔，让人如沐春风，一看就是很有家教的那种。

我们愉快地合作了一年多，突然有一天，她哭着跑到我面前，说想要辞职离开，感谢我过去一年多的栽培。

我说怎么了，我没怎么栽培你啊——当然，这是开玩笑。其实我说的是，这阵子不是干得好好的吗，怎么突然就要走了。

她说公司的某个高层对她不怀好意，经常没事就约她出去，烦死了。

我说这不是很正常吗，职场里的灰色规则，你不理会就好了。

她说她就是这样做啊，自从知道那人有非分之想后，但凡在公司里撞到，定会绕路而走。实在不得已，需要工作汇报或开会时，也会冷眼相对，一副宁死不从的架势。

我皱了皱眉，说你其实可以换一个更好的做法，比如说坚定地表达完立场后，态度上就不需要那么针锋相对和视死如归了，特别是在公开场合。

她说她不懂。我说你先不要懂，尽量这样做就好。

结果如你所料，她压根就没听我的劝，还是一如既往地行事。

后来，这个领导就变本加厉地刁难她。无奈之下，她只好离职了。最无语的是，她在前几个公司，都是因为类似的情况而离开的。

其实我想说的是，一个人在社会上打拼，想要Nice，就必须变得更加耐撕，否则只有被撕的份。

然而，什么才叫作真正的耐撕？

[2]

所谓的耐撕，不是张牙舞爪，而是能攻能守；不是圆滑世故，而是内方外圆……

总的来说，耐撕不是一种外在的锋芒，而是一种内在的态度。既能走心，又能走剑。走心时，保持分寸；走剑时，点到为止。

正所谓“树欲静而风不止”，人在江湖漂，难免不挨刀。如今这社会，总是善意满满的同时恶意连连——毕竟，不管我们的世界再怎么和谐发展，弱肉强食和适者生存的法则，依旧融化于文明的血液里。

换言之，所有的Nice都需要牙齿，哪怕不是为了攻击，也可以用来保护，就像是一头大象，有了足够的力量，才能惬意地游走于动物圈，真正地做到人见人爱的Nice。

记得在《奔跑吧兄弟》的第三季，其中有一期是在墨尔本录制的。在撕名牌的环节中，小鲜肉鹿晗对阵小熟男郑恺，没想到郑恺在被撕后突然暴怒，当场脱掉上衣，狠摔于地。

现场的这一幕，自然没有在节目中播放，但却被人偷偷地拍了下来，放在了网上，继而给节目组形成很大的负面效应，让人觉得镜头之外的某些嘉宾根本不耐撕，也不Nice，尽会耍大牌。

虽然很快地，郑凯和鹿晗便在微博上同时发声，声称“我们都很耐撕，我俩也很Nice”，但已经于事无补了。

须知道，真正的耐撕，哪有什么滞后期。而且最重要的是，它必须根植于我们的内心，而不是镜头前的演绎。

[3]

我有一个学妹，今年大四，明年毕业，刚找到一个不错的公司。

有了好归宿，自然少不了请客。席间，她跟我说，她想做一个Nice的人，人见人爱，花见花开，简简单单的就好。

我笑了笑，说看来我不该送你我的新书，而应该送你一本旧书：《杜拉拉升职记》。

结果如我所料，两个礼拜不到，她万般委屈地跟我哭诉，真没想到，公司有一个同事，老针对她。自己做得不好，就仗着自己资历长，咄咄逼人，凶神恶煞的……师兄你说，我是不是太弱势太Nice了。我想我以后一定要变成一个强势的人才行！

我苦笑道，你不是一直就很讨厌强势的女人吗？你看看你现在，已经在开始努力成为你曾经那么讨厌的人了。

她恍然，然后说该怎么办。

我说我也不知道，我只知道，你应该成为一个耐撕的人，然后再有资格保持你的Nice。而不是希望自己的Nice，去赢来所有人的尊重。

确实，不管是爱情，还是职场，抑或是在漫漫的追梦路上，“耐撕”俨然已经成为了当下社会的必备气质：

耐撕的爱情，是放下和坚守的拉锯；

耐撕的生活，是死磕和妥协的博弈；

耐撕的人生，是梦想和现实的平衡；

耐撕的世界，是个人和社会的协同。

[4]

前阵子，郭德纲和曹云金两师徒把相声搬到了微博上，隔空对唱，你来我往，撕得是不亦乐乎，热闹非凡，而且一度围绕着有没有收拜师费这一问题而纠缠。

对于他们的纠纷，只能说“公说公的理，婆说婆的理”，如果说郭德纲真有曹云金说的那么道德败坏，我完全信，因为艺术和人品从来就不一定对等，而且在现实生活中，我还真遇到过这样的主。

但过了这么多年，其中的真相，别说是外人，哪怕是相关的当事者，谁又能真正地说得清道得明呢？

只是，对于郭德纲曾说过的一句话，我一直印象深刻。因为这话里面，饱藏着在莽莽江湖中经过了多少刀光剑影洗礼后的耐撕精神：“在这个社会，每个人都有吃狗屎的时候，只要别嚼就好。”

佛家有曰：“念身不求无病，处世不求无难。究心不求无障，立行不求无魔。”

意思是说，磨难如影随形，是每个人变得更好的必须品，我们不能天真地奢望它不存在，只能用耐撕的精神，好好地面对。

须知道，在这个充满着肉搏和功利的社会里，我们努力做一个耐撕的人，无非是想邂逅一个Nice的自己。

期间，就让我们用无比Nice的微笑，跟所有路上的程咬金们，大声地说一声：耐撕 To Meet You!

人生的转机就在你的下一个努力里

她出生在瑞典，很小的时候母亲就去世了，不得不由她的叔叔来做她的监护人。15岁那年，学校排演了一出戏剧，长相俊俏的她被选中在剧中演一个角色，她十分高兴，认真地排练，演出的那天，她发挥得非常好，受到了全校师生的称赞，她出色的表演才能被发现了，从那时起，她就在心中为自己确定了理想，就是要成为一名优秀的演员。

但她的叔叔不支持她的想法，她的叔叔是个很保守的人，认为当演员没什么出息，正经人家的孩子还是应当找个售货员或秘书之类的职业。她对叔叔给自己安排的职业不感兴趣，在内心深处，她一直向往着能成为一名演员。18岁那年，斯德哥尔摩的皇家戏剧学校招生，她想去报考，便向叔叔表达了自己的想法。叔叔考虑了一下，对她说："我只给你这一次机会，如果考不上，你就得按照我的安排去做。"她答应了，在随后的日子里，她就开始为考试做准备。

她十分珍惜这份来之不易的唯一的一次机会，她精心准备了一个小品，自己在家里反复排练，就连睡觉做梦都在演节目。考试那天，她早早地来到了考场，轮到她上台表演了，她走到台上，开始表演自己的小品，演到一半的时候，她发现所有的人都在相互议论着什么，还用手比比划画画的，根本没看她的表演，她感觉极度失落，认为自己肯定没戏了，一分心，她又把台词忘了……正慌乱的时候，她听到评判团的主席对她说："停下吧，谢谢你，请下一个上来表演吧。"

她懊丧地走下台来，伤心极了，因为她知道自己永远地失去了这个机会。

她一边走一边哭，感觉活着已经没有什么意义了，就想一死了之。她来到一条河边，打算跳下去结束自己的生命。水是暗黑色的，闪着油光，发着臭气。她想，这水多脏啊，我就是死也不能这么死啊。于是她便离开了河边，考虑用别的方法结束自己的生命。

那天晚上，她写好了遗书，并把自己的东西都整理好了。她打算第二天去商店买一种可以致命的药水，用它来结束自己的生命。第二天早上，她起来后正打算出门，邮差忽然来了，递给她一封信，她打开一看，是皇家戏剧学校寄来的，竟是录取她的通知书！她简直有点不敢相信，拿着录取通知书就跑到了学校，亲自找到了昨天那个评判团主席，对他说："我昨天表现得那么差，你们对我那么失望，可为什么今天还录取了我呢？"

评判团主席说："你昨天的表现相当出色啊！在昨天所有的考生中，你的表现是最好的，所以你上来演了没几分钟，我们大家便在下面纷纷议论，都认为你有出色的表演天赋，都为你高兴。当时，有个评委说这样的能力就不用再演了，直接录取吧，于是我就让你停下，换下一个上来……"听了这一席话，她非常吃惊，而且十分后怕，她想，如果不是那河里的水太脏，可能自己真的就永远失去了这次机会！

就这样，她顺利地进入戏剧学校学习，毕业后到电影厂工作，成为了一名电影演员，在此后的演艺生涯中，她先后出演了《卡萨布兰卡》《爱德华大夫》《东方快车谋杀案》等影片，先后三次获得奥斯卡金像奖，成为光芒四射的国际巨星，她就是英格丽·褒曼。

很多年以后，已经是大明星的英格丽·褒曼在接受记者采访时谈起了当年险些自杀的事，她深有感触地说："这件事给我的启发是，永远不要过早地宣判自己，因为转机随时都有可能发生，一切都有可能改变，一切都有可能是另一个样子！"

一开始输了没事，成功会在拐弯处等你

读初中的时候，班上有两个女生闻名全校：一个是杨丽丽，一个是苏小薇。前者因为傲视群雄的学习成绩，永远霸占着学校的第一名。后者因为性格张扬，着装奇特，让老师无比头痛而为大家所熟知。

就是这样看起来完全不着边的两个人，据说两家还是亲戚关系，住得也挺近，所以杨丽丽从小就是苏小薇父母口中那个“别人家的孩子”。别人家的孩子什么都是好的，何况性格温和、乖巧懂事的杨丽丽的确是优秀得让她不得不打心眼儿里膜拜。

其实人生的前十几年，苏小薇一直过得特别顺畅。她除了性格有些夸张，骨子里有些叛逆以外，学习成绩在班上也算是中上等。那个时候她觉得人生最重要的是让自己开心，直到中考成绩出来的那天，杨丽丽不出任何意外地上了本市最好的高中，苏小薇勉强达到一所普通中学的分数线。两个人的人生在大人看来，似乎从这一步就开始泾渭分明。

高中三年，杨丽丽一如既往地优秀得让人望尘莫及。那个时候苏小薇最怕的是春节，亲朋好友聚在一起，难免会拿两个人做比较。以前她也不在意，可似乎是一夜之间她渐渐地开始思考起人生这样重大的话题，杨丽丽永远是她人生路上的一盏指明灯。若真要在学习这件事情上与杨丽丽比拼，她觉得她的人生真是有些失败。

杨丽丽接到北大通知书的时候，苏小薇的分数刚好达到二本分数线。如果说人生摒弃掉出生这样的客观因素，从这一步开始作为起点的话，那苏小薇不得不承认，她在起点上输了一大截。

大学四年，苏小薇像一头从睡梦中醒来的狮子。她活跃在学校的各大社团，是各项大型活动的组织者，甚至带领一帮文学爱好者把一本校园刊物办得有模有样。空闲的时候，她就躲进图书馆给各大杂志写稿子，四年坚持下来已是小有名气。毕业的那年，她去了北京，带着各种获奖作品加上面试时的出色表现，挤进了当地有名的报社。

苏小薇做梦也没有想到，会在同一栋大楼里遇见杨丽丽。更戏剧化的是学新闻传播专业的她与学商务英语的杨丽丽供职的是同一家单位的不同部门。人生似乎在那一刻殊途同归，如果说有什么不同，杨丽丽的每一步都走得稳妥而有力，而苏小薇的人生开窍得有点晚。不过好在，一切都还来得及。她在人生的拐点上，赢得很漂亮。

读书的时候，特别喜欢数学老师说的一道题目可以有多种解法。方法千千万万种，最终不过是殊途同归。

其实人生也是一样吧，即便我们输了起点，至少我们还有拐点。所以不如就从此刻开始，埋下头来一小步一小步地往前走，说不定哪天拐个弯，看到的就是那个你期待了很久的地方。

迷惘是每个人必经的成长阶段

[1]

在刚上大学那年，曾经有一段时间过得非常颓废，这种颓废并不是单方面的懒散。而是从心里觉得我是一个无能的人，我觉得我毫无希望，跟任何人比都有一种被秒杀的感觉。当这种颓废感来临的时候，我并不是找理由去安慰自己，说这样就挺好。相反，我甚至为了让自己更颓废，甚至开始自圆其说地证明我就是一个无能的人。

后来我一度去找心理医生交谈，才慢慢地打开了心扉，不再被这些问题所困扰。人所有的不开心、颓废、懒散其实都来自一个问题，那就是比较。和不同的人比较，就会有不同的感觉，当然这种比较也会引发另外的奋斗、激励。但很可惜那个时候的我并不是那样。

让我颓废的原因有三个，不知道你是否曾经和我一样也被这三个问题所困扰。如果你有过，这篇文章会让你感同身受；如果你没有过，那这篇文章对你也大有帮助。

第一，和80后比名气；

第二，和90后的同龄人比学历；

第三，和同龄学历低的人比挣钱。

三个问题摆在这里，无论从哪个角度来看，当时的我都是弱者。

对于刚满17岁的而且是从事网络的我来说，看过了太多80后的网络红人（此红人非彼红人），他们有着自己的技术，有着自己的经验，有着自己的粉丝，这是我没有的。

我读书时候的成绩并不理想，上了一所普通的大专。每当我在网络上看到一些人的文章和事迹的时候，他们总是有着让我遥不可及的学历。学历的高低对于一开始刚上大学的我们来说，那是有决定性作用的，而我却没有那样让人羡慕的高学历。

大专本就是一个折磨人的学历，而且在我的同龄人当中，普遍在初中就已经选择了辍学外出打工。也就是说，作为同龄人的我和他们，他们已经开始挣钱了，而我还在念书依靠父母每月的生活费来过日子。

我说的这些从逻辑思维的角度来说合情合理，当然你也不用拿现在的角度来评论我当时的思想，好歹那个时候的我也没啥经历。世间的东西大家所看的角度不一样，自然感觉就不一样，所以我总是提到洛伦兹的相对论。

PS：相对论是洛伦兹发现的，爱因斯坦提出来的。

[2]

人们都会说，使你为难的事都会使你成长，但我想要加上一句，使你为难的事都会让你记忆犹新。同样，这三个问题也是，我从17岁那年记到了23岁这年，还能一字不落地复述出来，足以证明这三个问题对于当时的我来说造成了多大的困扰。

后来我开始找心理医生，我希望走出那个困境，我希望我成为一个奋斗的人。我从小就是一个比较腹黑的人，说的好听一点那叫个性，说的不好听一点叫傻冒儿。因为这是一个人人都宣扬励志、奋斗上进的年代，凭什么我要和别人不一样呢？

所以我也想要奋斗，我也想要通过自己的努力来改变自己的生活，但首先我得摆脱那三个问题。

我找到了一名心理医生，向他诉说了我的痛苦。可能有人会讨厌心理学，但我想告诉你，我宁可你讨厌励志学、腹黑学，也千万不要讨厌心理学，人总是要有点信仰的，你不可能什么都讨厌。

心理医生听完我的事，笑着对我说道：我遇到过许多因为一种问题而困扰自己的90后，还没遇到过被三种问题都困扰的90后呢。

我当时也是一脸无奈，但实在没辙，对于我来说，这三个问题如果不解决，真的很难前进。

我开始自嘲地说道：我也不知道这些问题什么时候来的，但我说得没错啊，和这三种人相比我确实什么都不是啊。

心理医生跟我说：其实这并不是什么坏事，至少你能看到自己所有问题的存在。而不是等人去发现，等人发现然后在背后议论你，那才是人心最露骨的地方。

[3]

心理医生跟我说，现在你换个角度来看问题，将你那三个问题变成这三个问题。

第一，和80后比年轻；

第二，和高学历的90后比提前工作；

第三，和提早挣钱的90后比前途。

我并没有被这种思想所说服，再厉害的心理医生都不可能立马解决病人的问题。他后面接着跟我说道：其实心理学只能打开你的心，并不能解决你的问题，心理学的魅力就在于此，让自己从根源上解决自己的问题。

他继续说道：这三个问题其实和你之前那三个问题是一样的，如果你一直想着自己的那三个问题，那你会因为颓废而无法前进；但如果你一直想着我提到的这三个问题，那你一样也无法前进，因为你会过得太安逸。只有这两种思想结合在一起的时候，你才会过得既充实又有方向。

他随后给我推荐了几本书，然后让我离开。

我回到宿舍开始思考这六个问题，他们就像小时候的勤奋小人和懒惰小人一样，开始互斗，谁赢了谁领导我的思维。

最后我苦苦挣扎，终于从中找到了思路，一切的一切都是源于我自己。当我自己将重点放在我弱别人的时候我不应该选择颓废，而是应该选择默默努力。而心理医生给的方法，不过是放大我的另一面，让我开朗起来，所以他才提到两种思想要结合起来。

[4]

谁的年轻没有迷茫过？你真的认为帮你的是别人吗？

其实真正能帮自己的是自己。正如同别人会拉我们出深渊，但伸手的还是我们自己。我们需要感谢帮助我们的人，但我们更加要注意自己的改变。

从那之后我开始想办法找到自己该学的知识，少去一些特别优异的社交场合，也少去一些乱七八糟的闲人之地。过于优异的场合满是有志之士，对于当时没有能力的我来说，去了也白去。闲人之地网吧之地，只能用乌烟瘴气来形容了。

我被三个问题所困扰，同时也被这三个问题所改变。人们或许会说，换个角度谁不知道呢？但其实知道的人很多，做到的人却很少，用自己思维和眼界来看问题的人大有人在。

在往后的学习生涯和职业生涯中，我也遇到过许许多多的问题。这些问题小到争吵，大到创业失败。但这些问题总是能在一段时间之后将我第一时间解救出来，不是让我能挣更多的钱，而是让我能更加懂得生活。

我希望你能去思考这三个问题，并不是让你深陷其中，只是想让你知道，每个人都曾迷茫过，都曾困惑过，甚至有的人会因此而抑郁。但从另一个角度来看，那也是对我们人生画下浓墨重彩的一笔。

第二章

锲而不舍
才能赢到最后

唯有不遗余力，方能遇见最好的自己

你是如何度过人生的低迷时期？在我并不算漫长的人生旅途里，有幸被人询问过几次。通常不是顾左右而言他，便是选择沉默不语。在我有限的生命里无数次地体会到微笑和沉默是两个非常有效的武器。微笑能解决很多问题，而沉默能避免很多问题。一直觉得自己的人生并没有完全意义上的低迷阶段，并不具有回答这类深刻问题的能力，所以总是选择沉默。

直到最近因缘际会之下结识了朋友A，无意间知晓了她的故事，才开始认真思考这一问题。朋友A的父亲出生于20世纪60年代，因为先天条件不足，出生便是弱智，眼看年岁渐大，却没有姑娘愿意嫁给他。无计可施的奶奶花了6000元钱从人贩子的手上买来了她的母亲。她3岁时，母亲因为实在无法忍受与弱智的父亲共同生活而趁机逃离。

4岁时，家里唯一的经济支柱爷爷因病过世，年过六旬的奶奶只能带着她游走垃圾场拾捡废品度日。屋逢连阴偏漏雨，不怀好意的邻居诱骗父亲喝酒，让父亲变成一个彻头彻尾的酒鬼，以此来欺骗奶奶那微薄的收入换取酒钱。为了生存的需要，也是对父亲的彻底绝望，奶奶最终也弃她而去。

彼时，她才就读初中，没有任何的经济来源。锦上添花从来容易，雪中送炭却是极难的。亲戚朋友邻里左右看到她的境况没人愿意伸出援助之手，她只能自己去捡废品。可是，这远远不够，为了自己和父亲都能活下去，她在17岁那年嫁给了离她家不远的一个亲戚的儿子。婚姻并没有解救她，只是带她入了另一个深渊。

迫于生计，她做过服务员、保洁员、送过快递、发过传单、捡过垃圾，所有能够挣到钱的活儿她都做过，有时候一天做好几份工作。终于她贷款上了大学。只是大学毕业第一年就发现自己怀孕了。她是感谢她老公的，如果不是她老公看中了她，她不知道那样的日子她能不能熬过来。更重要的是，他给了她一个家。出于这样报恩的心，即使老公再怎么待她不好，她都选择包容隐忍。

只是婚姻从来不是包容与隐忍就可以的。在怀孕三个月的时候，老公外面的女人找上门来，没有父母及娘家撑腰的她怀着孩子被赶了出来。她带着当时身上仅有的3000元去医院打胎。做完手术之后就去找工作，因为她得养活自己。

才毕业没有工作经验，也并非就读名校，工作是处处碰壁。她只能先找份保洁的工作来保障基本的生活。因为手术的后遗症，也没有得到很好的调养，外加保洁工作的辛苦，她晕倒了。在医院醒来后，医生告诉她，因为身体的极度营养不良，她可能终生都无法再怀孕了。

她说，她永远忘不了那一天。做完手术之后身上还有1000多元钱却坐车的时候被扒手偷走了。当时她坐在公交车上，实在太累，便迷迷糊糊地睡着了，回到租的地方发现钱没了。她一刻，她对生活感到了彻底的绝望。她愤怒。对命运感到愤怒，对社会感到愤怒。她不明白为什么是她，为什么就该是她承受这一切。她想要解脱，选择跳河自杀，但是一位路过的大伯把她救了起来，对她说："小姑娘，你还年轻。你不活着，怎么知道以后的人生是不是很精彩呢？"

"假如生活欺骗了你，不要悲伤，不要心急。忧郁的日子里需要镇静：相信吧，快乐的日子将会来临。"在现实的生活面前，在赤裸裸的生存面前，诗歌显得如此不堪一击。《一代宗师》里叶问曾经说过："我见过了高山，才发现最难过的原来是生活。"这句话很好地诠释了人生的真谛。

她的故事让我想起余华的那部小说《活着》。在那个炎热的午后，那位叫作福贵的老人所回忆的自己的一生。家道中落，半路征兵，老母病死，女儿失聪。老婆病去，中年丧子。女儿难产而死，女婿意外砸死。就是唯一的外孙也被吃青豆撑死。他活过了大半个世纪，经历了好几个朝代的磨难。在老年的时光，一头老牛，几缕阳光，平静地回忆，安静地诉说，原来活着，只是为了活着，没有那么多伟大的目标，也没有那么多正能量。

我不停地在想，倘若是我自己，能否做得比她更好，能否比她坚持得更久。她是生活在阴沟里的人，却仍然在努力地仰望星空。很久以前看过一篇报道，主人公是位记者，出于工作的需要他曾经拜访战后的阿富汗，在调查中他提到一位母亲，她的丈夫为了抵挡苏联入侵尸骨无存；她带着唯一的孩子躲避战火东奔西跑，在巴基斯坦的难民营里被警员强暴，生下第二个孩子。

又有一年，向西而逃，在伊朗边境，再次面临厄运，被边境的士兵强暴，生了第三个孩子；就这样，她一共孕育了四个孩子，且大多都称不上是爱情的结晶。可是她完全没有这样想过，她觉得每个孩子都是上帝赐予她最宝贵的礼物，他们都是最纯洁的天使，十几年如一日般，含辛茹苦地抚育他们。她抱着、牵着、背着这些孩子，翻山越岭，跋山涉水，穿过荆棘，越过战火，度过寒冬，避着热暑；无论生活给予她的是怎样的伤痛与不幸，她始终如一地选择用博爱来呵护这些孩子，用慈悲来包容这些孩子。

当我们在谈论人生的低迷时期该如何度过的时候，我们在谈论些什么？是远走的恋人，还是逝去的亲人，抑或是不理解自己的父母？是低收入的工作，还是没有考上理想的大学，抑或是创业时接二连三的失败？是遭受朋友的背叛，还是被亲密的人误解，抑或是自己的迷失与茫然？

一个人的成就，并不取决于他如何享受胜利，而在于这个人如何忍受失败。没有什么比信念更能支撑我们度过艰难时光了。只要有人还在仰望星空，你就不该放弃自己！曾经，我也以为自己的命运就是在饱尝生命漫长的艰辛度过茫然的一生之后，被历史碾成尘埃，为这个我自己都无法证明的个体曾经来过的世界增添一抔黄土足矣。

倘若没有见过太阳，我本可以忍受黑暗。从那位朋友的身上我得到了一种体悟，不能因为生活的艰辛而失去了心中的希望。那位视频中母亲的故事让我看到了一种力量，我们需要一种对爱坚守的信仰。

后来，朋友A在住院的时候遇到了现在的丈夫。他是老实本分的农民，家里一穷二白。因为母亲生病住院和她一个病房，看到她没有人照顾，起了恻隐之心。在给自己母亲打饭的时候总给她也打一份。一来二去慢慢也就熟悉了，知道她的情况之后便主动承担起了照顾她的工作。每天不是骨头汤就是水果，坚持让她吃。她第一次体会到了被人细心呵护的感觉。

因为经济条件不允许，他们没有办婚礼。她说："只要他对我好就足够。我是死都不怕的人，还怕穷吗？我一路也是穷着生活过来的。"他们的婚后生活很平淡。他一如既往地对她很好。她笑着说如今的她也从当时的80斤被他养到了120斤。他不仅把自己照顾得很好，对她的父亲也是尽心尽力。

前几天去医院检查身体，她已经被确认怀了宝宝。现在的她很幸福。她说她很感谢那位当日救了她的大伯，如果不是活着，她不会有现在的幸福。也很感谢那些痛苦的日子，才让她更懂得珍惜今天的一切。在祝福这位朋友的同时，我也惊叹于世事无常。不幸与幸运一样，都需要人去承担。

所谓的低迷时期不过就是两种可怕的心态在作祟，一是对过去彻底的否定，二是对未来彻底的失去信心。谁没有经历过一段那样的时光呢？没有人来帮助我们，也没有人来支持我们，甚至别人都误会我们，所有的事情只能是我们一个人去扛着，所有的情绪只有我们自己知道。面临这样的情况，有低落的情绪或者选择逃避，没有方向的迷茫或者失落都是很正常的。我们可以给自己一点时间去舒缓这种情绪，但时间不能长久。

当我们处在人生的低谷时，不要只是沉浸在迷茫与低谷带来的困苦中，应该想办法去改变这种环境，不要去探究生活的意义，这只会让我们更迷茫。生活本身是没有意义的，但我们却可以将它点缀得诗情画意。不要过多去思考未来，而是立足当下。认真地做好每一件我们可以掌控的事情，不急功近利，踏踏实实一步一个脚印地走稳。

罗曼罗兰说："只有一种英雄主义，就是在认清生活真相之后依然热爱生活。"请热爱生活，好好地对待自己。不要总是迷茫于生活，失望于过去，茫然于现在，胆怯于未来。也不要总是无聊的攀比，肤浅的羡慕，笨拙的效仿。学会去仰望星空，拥抱阳光！

最后，我将自己喜爱的莱蒙托夫的一首诗送给你："一只船孤独地航行在海上，它既不寻求幸福，也不逃避幸福，它只是向前航行，底下是沉静碧蓝的大海，而头顶是金色耀眼的太阳。"愿不遗余力，在生活中遇见更好的自己。

我也曾自我怀疑，但就是从没想过要放弃

有个女孩问我：你的写作之路，是怎么走到今天的？你以前有过投稿失败的经历吗？多吗？

我忍不住想笑。因为我看到了许多年前的自己。譬如投稿失败、稿子被毙、石沉大海，譬如不知道自己该写些什么——喔，是否应该转去做点别的事情，写作这条路也许对我而言只是奢望吧？那时候，我也曾在心里无数次地想：不知道那些“终于写出头”的作家们，是否也曾经有过这么艰难的时候？

遗憾的是，如果现在让我遇到10多年前的自己，我依然无法回答那些问题。因为10多年来，我明明都没有那么笃定，那么了然于心。许多时候，我只是摸着石头过河，忐忑不安、局促惶恐。许多瞬间，我的脑子里都闪过“放弃吧”的想法。

但每一次，都只是闪过。第二天或者过几天，我又像是斯嘉丽说的那样，“明天又是新的一天”，只要太阳升起来，就还可以充满希望。所以，我只能跟那个女孩说一句，我能给出最诚恳的建议：做任何事情都会遇到瓶颈，这是我给你的忠告。

聊到这里，我回想起当年学绘画的经历。上初中的时候，有两年暑假，我学过绘画。其实，我完全没有绘画天分，画得挺差的，兴趣也没有别人那么浓厚，脑子里对素描之类的完全没有任何概念。

然而，当时一位老师说的话，给我印象实在太深刻了。

他说：学画的过程中，大多数人都会遭遇到瓶颈期。本来觉得天天有进步的，但是突然有一天，就迷茫了，不会画了，不知道该怎么画了……如果突破这个瓶颈期，会有突飞猛进的进步；若是突不破，就不会再有进步了，再勤奋再努力，也是在原地打转，所以很多人就放弃了。

这么多年里，我觉得自己和周围人一直在隐约验证着这个瓶颈理论——无论在学习还是在工作中，似乎都有这样的时候：在实现所谓梦想的过程中，总是会遇到一段或长或短的瓶颈期——枯燥，无奈，感觉自己碌碌无为，纠结自己是否该继续走下去……

最后呢？最后超过80%的人都放弃了吧，所谓的最初的梦想，都留在了伤感的记忆里。

所以，我们总是艳羡那些实现了梦想的人。我们羡慕他们，能过自己想过的生活；从事自己喜欢的工作；拥有自己喜欢的一切——他们是传说中实现了梦想的勇士。那么，为什么大部分人，并没有实现梦想，只是“为了生活而生活”？

因为无法坚持，因为半途而废。

我们初踏入社会时，都满腔热血，一脸纯真，兴冲冲地朝着梦想飞奔。我们有热情、有梦想、有力量，以为自己势如破竹，不可阻挡。可是，一旦遇到瓶颈与挫折，有许多人就开始左顾右盼，心神不宁。这些半途而废的是大多数，还会给自己找个冠冕堂皇的理由——譬如梦想撞在坚硬的现实上破碎了，譬如总要养家糊口才能奢谈梦想啊……别再找理由了，你只是坚持不下去了，承认就好了。

我说，一旦坚持的力量坍塌，人就会产生自我怀疑。在纠结彷徨之后，又开始为自己开脱，找个社会大众能够认同的理由，让自己“脱身”。这简直是一条不归路，梦想没实现，现实不甘心，一颗心总是吊在半空中——满腹遗憾、胸有怨气、晃晃悠悠、难以踏实。

我曾经犹豫彷徨，我曾经自我质疑，我曾经在很长一段时间里，陷入梦想与现实的纠缠中不知如何自处。但是，即便经历了这些，我发现自己还是很热爱我的事业，所以即便在最艰难的时候，我也是如履薄冰地坚持。

那段日子，我甚至去做了一个房地产网站的兼职编辑：为了赚点外快，让经济更宽松一点，这样我就可以写自己想写的东西。当你想要坚持、坚定地做一件事情的时候，你就会想尽一切办法，走下去。

我又想起前些日子，自己在院子里拔草的经历。最开始，我是站着的，弯着腰，两手并用，觉得有无限力量与信心。可是没过一会儿，就腰酸背疼，动作越来越慢，还开始责怪自己自讨苦吃。突然间，我想起小时候，农夫们在田地里拔草或者做一些事情时，都是蹲着的。于是我也蹲下来拔草，两只手依然左右开弓，蹲着看似走得慢，但实际上一直在前行，因为踏实而有效，坚持得也就更久。

我们许多时候都会遇到艰难与挫折，觉得自己选择的这条路不好走，想要放弃，想要拐弯，想要……最初的兴奋与热情挥洒殆尽之后，剩下的是无休止的挫败感与痛苦，无奈与纠结。这时候，不妨放下那些好高骛远，放弃那些长篇大论，实现梦想并不是多么伟大而遥远的事情，不过就像是此时此刻拔草一样，是透过一点一点最普通的积累才能够实现的。

路不好走？那就走慢一点。哪怕再慢，你也是在前行的，对不对？慢慢走，扎实而努力，不轻言放弃，选择了就头破血流地去试一试，才有可能看到成功的彼岸。

不是每个人都能实现梦想。但我相信，坚持，是不可缺少的理由。

在不一样的坚持里，看到一样努力的自己

其实很多时候，你如何开始做一件事，并不是最重要的，就像你如何开始一段感情不会是你这段感情最重要的东西，感情往后一路的坚持与经历才是。有时候当你最终坚持做完一件事再回望，就会发现，你坚持下来的那个原因早已经面目全非，你甚至都已经忘了自己当初为什么要出发要开始做这件事。但你坚持做这件事的本身，却恰恰成就了你。

当有人崇拜你能几年如一日地坚持长跑坚持早起，羡慕你那么有毅力地坚持写日记坚持学习，他们不会在意当你决定跑步的那一天你究竟发生了什么事，你开始写日记的那一天生活跟以前有什么不同。所谓好的开始是成功的一半其实虚得很，没有人会知道什么样的开始能算得上好，因为没有那么多的人甚至说没有人，会在一开始就知道自己要往哪里走，要走到哪里去，要走成什么样。没有人会在一开始就明确人生该走过哪些曲曲折折该经过哪些站牌该遇见什么人该做些什么事，我们都只能在一步一步的行走中，才慢慢地发现自己最真实的意愿。所谓的真实，就是那不是别人要求的，这是你应做的、应该走的路，不是对着别人列出的清单告诉自己想要快乐幸福就要有这些，你也不需要非得让自己符合某种标准来证明自己的独特、证明自己的成功。你有你自己的一套标准，你有你自己想要的人生。

一开始，我们想要的东西总是不那么清晰，就像我们想爱的那个人形象总是那么模糊，我们想过的生活总在不确定中摇摆不停。你以为只有你自己

搞不清自己，不知道自己究竟要什么、要坚持什么，以为别人都在一开始就一脚踏上了他们向往的康庄大道过着他们想要的生活、追求着他们自己想要的目标，但其实，别人跟你没什么两样。大家都一样盲目，都一样糊涂，都一样只能在盲目与糊涂中渐渐看清道路。不要的东西一点一点剔除，要的东西一点一点清楚。

我们都会长大，我们都可能迷路，我们都曾糊涂。我们会在伤痛酸楚里了解到自己不是铜墙铁壁金刚一副。但就像只有当我们意识到自己的蒙昧和无知，我们才能用努力将自己一点一点的充实，我们只有一步步地去走、一点一点地去实践，我们才能在继续走下去的过程里找到我们最终要走的那条路，到达我们最终要去的那个地方。不要在一开始就期待有一条畅通无阻的大路，不管大路还是小路，走到最后都可能不过是同一个目的地，就像不管爱上什么人，感情都一样要付出。

更多的时候成就你的，往往不是你最初认定的目标、不是你如何开始走的这条路，而是你坚持走下去、坚持做这件事本身。走过一定的路程，你会发现，我们成就的那个自己，可能早已远远超出了当初我们对自己的设想。这是意外，也是必然。因为能够把这件事坚持做下来，把这条路坚持走下来，就已经是你成长的一部分。但坚持不是唯一的成长方式。

当你发现你坚持的东西早就不是自己想要的，你坚持走的路再走下去只会让自己失去更大的幸福，为什么还要坚持？不，不，你根本不必只为了坚持而坚持。这个时候，你就要想想自己当初为什么要走这条路，为什么要坚持。所以有时候，不能坚持到底可能并不是你的错，而只是你想要的生活已经不同。你不是非得要让自己保持和出发时的状态一致。当初开始的理由可能早已不能再鞭笞你前进，而当下的坚持也已经不能让你获得更好的幸福，反而是你这一路中经历的曲曲折折坎坎坷坷，让你从中拾获更贴合你人生目标的坚持，就像在无数的错误际遇之后终于让你遇见了你真心期盼的那个人，有过错误，才知道对的不易才会更珍惜。而哪怕在途遇曲折之后我们走的还是同一条路，爱的还是同一个人，我们坚持走下去坚持在一起的理由却可能早已不再是当初那一个。

就像当初我是为了发泄而开始写字，从日记到博客，从私密到公开。到后来，我更想通过这种方式证明自己，证明自己怀具的力量，证明自己的独一无二。但再继续走下去，我又发现了更令我着迷的动力我更喜欢的坚持理由：这是我的心灵的归属，我思想的成长路途，是我生命脉络沉淀梳理的方式，是我对记忆郑重的交代，对自己温柔的陪护。这么好，为什么不坚持？于是一天又一天，一年又一年，我坚持了下来。

以后的事情谁都说不清，谁知道以后我会变成什么样，会走到哪里。但就现在来说，我更喜欢的，是我改变后的坚持态度。尽管改变后的坚持行为本身与曾经并无多大差别，但坚持的理由早已与昨日发生了断裂。而我是真心喜欢这种前后不一致的内在动力。因为在这不一样的坚持里，我看到的是越来越真实清晰的自己，那么的努力，能量，不放弃。

别让今日偷的懒成为日后无法挽回的不甘

在现实中，我们经常见到那些资质平庸但靠着勤奋和坚持取得傲人成绩的人，就像我们经常见到那些聪明伶俐却落魄失意的人一样。

谈论起来，聪明人多半会不屑地说：他呀，上学时多笨啊。我那时但凡再努力一点……

也许从一出生，人的智商就有高低优劣之分。但决定人生成败的却往往并不是智商，而是耐力。

耐力是一种难能可贵的能力，不知有多少人的一生就输在了缺乏耐力上。

要想拥有坚持不懈的耐力却并非易事，它需要你扛得住磨难，经得起诱惑，耐得住寂寞，忍受的了孤独。

可人都有惰性，也都喜欢追求享受。学生时期的题山题海总不如打打游戏来得轻松；工作时期的刻苦钻研总不如推杯换盏来得痛快。

我们总是羡慕别人的成功，甚至嫉妒那些本不如自己的人的成功，却不知别人为这份荣耀经受了多少劳苦。

凡事三分钟热度，做事虎头蛇尾，即使有一定天赋和小聪明也终将一事无成。往往事情做到一半不是因为单调的重复而心生倦怠，就是因为遭遇到瓶颈而心生怀疑。

人生，其实就是一场自我的圣战，能够随时控制自己情绪才是真正的睿智和坚强。

水滴石穿，铁杵成针，只有越挫越勇，屡败屡战，才能完成一个从量变到质量的过程。所谓厚积薄发，离不开平时一点一滴一时一刻的努力。

不要在该努力的时候选择安逸，不要心存侥幸，今日你所偷过的懒必将成为日后无法挽回的不甘，每一个人也必须为自己的过去埋单。人生没有白走的路，每一步都算数。

不做不切实际的幻想，不好高骛远，不这山望着那山高，立足自身，找好定位，就要一往无前。有时候，也许我们离成功就差了那么一点点，不要半途而废，否则之前的努力也都付诸东流。

人生路漫漫，拼的就是心态和耐力，要么心态够好，要么耐力够足，笑到最后的人才笑得最好。

无论你想过多少次放弃，都不要真的放弃

最近收到最多的问题，是这样的：

我想去考会计，可是心里很害怕，害怕自己考不好。想了很久了，始终也下不了决心，怎么办啊？

我要去面试了，可是心里好担心、好害怕，都恨不得世界末日算了，我是不是很懦弱、很没用？我这样的人是不是什么都做不好？

我想做很多事情，可我总是害怕，总不敢迈出脚步，很多事情想了一遍又一遍，最后又不了了之。我是不是很没出息？

……

看到这些问题的时候，我是感同身受的，因为我也有过无数个这样的时刻。

记得第一次做培训，是应一位朋友的邀请。在这之前，我没有做过任何培训，我不知道应该怎么去培训，但因为对方是一个相交多年值得信任的朋友，我自己当时也想涉足这一块，于是毫不犹豫地答应了下来。然后一边准备一边各种担心，我怕自己讲不好会冷场，我怕会应付不了学员的提问，我怕会有各种突发状况。

退堂鼓在心里打得很响：算了吧，还是好好写稿，别出去丢人现眼了，我本来就不擅长这种事情；算了吧，这事儿好牵扯精力，而且也拿不到多少钱；算了吧，万一我讲不好，让人笑话也让朋友难做，简直是毁了一世英名；算了吧……

想归想，但是我知道，这件事非常有必要去做，所以就算很怕，就算很担

心，最后，我还是在约定的时间坐到了电脑前。

其实那是一种很简单的培训，整个过程都是用文字来互动的。但是在打下第一行字的时候，我的手指是僵硬的，我的心跳是加速的，我的双腿是颤抖的。但这个过程也不过持续了几分钟，很快，我便渐入佳境。那天的培训做得很成功，我不但完整地把课讲了下来，在问答部分，也没有让学员失望。

很自然地，后来我接到越来越多的讲课邀请。我在很多群里讲过课，培训过特别多的学员，从最初的紧张不安害怕到后来的完全放松，把培训当成了一种享受，觉得就是在和一群志同道合的朋友聊天，没有任何压力，没有任何负担，聊得特别开心。

很多人对我说，我特别喜欢你的课，很实用接地气，你是我的榜样。可是她们不知道，她们的榜样，第一次做培训的时候怂到什么程度。她们不知道，只差一点点，我就与她们擦肩而过。

我第一次做语音分享的时候，其实也很紧张。我声音不好听，普通话也不标准，我习惯了在文字里快意江湖，让我用语音，我真的好排斥。所以第一次接到线上分享的邀请时，我很紧张，退堂鼓的鼓点密密麻麻，在心里打了千万遍，最后还是打出一行字给对方：可以的。

虽然害怕虽然紧张，但是我知道，我不能够退缩，我不能够把自己的阵地越缩越小，我需要去尝试很多不一样的东西。

普通话不标准没关系，我好好练；声音不好听没关系，大不了就是不能给形象加分嘛，我努力讲得好一点，说不定还能弥补一点。

于是，接下了那个邀约之后，我就开始练普通话，练发音，让好朋友给我提意见，向学播音的朋友请教。

就在这个过程中，我心里还是在不停地打退堂鼓：算了吧，我声音这么难听，万一见光死怎么办？算了吧，现在分享的人那么多，我干吗去凑这个热闹？算了吧，万一我在问答部分磕磕绊绊，多难为情啊。算了吧……

但是都答应了，就算打退堂鼓，也不能真的退。于是我在约定的时间里，再次坐到了电脑前，拿起了手机，打开了语音。虽然换了一种形式，发现也没什么大不了，一切还是能应付自如。

什么事情有了第一次，后面就会变得很顺利、很平坦。现在无论我做分享还是在群里讲课，都习惯了用语音，虽然声音依然不好听，普通话依然不怎么标准，但至少大家听得懂，至少讲的东西是有用的。

如果第一次打退堂鼓的时候我就真的退了下来，那么现在我的简介里不会有培训讲师这一项，我会错过很多精彩，错过很多成长的机会。

包括第一次到北京参加笔会，第一次参加聚会，我都会在心里打无数次退堂鼓。害怕一个人出门不安全，害怕自己应付不了人多的场面，害怕自己会给别人留下不好的印象。我甚至给这种害怕和担忧找了一个很好的借口，认为自己有社交恐惧症。

但是我知道，有些东西我迟早要去面对，我不可能真的一辈子宅在家里。于是，虽然很害怕、虽然很担忧、虽然打无数次退堂鼓，最后我还是果断地买票，收拾行李，独自上路。甚至，为了不给自己反悔的机会，我会第一时间把自己的行程告诉主办方。

真的走出去以后，会发现，其实没有自己想象中的那么害怕。很多时候，我们都是被自己心中的各种担忧给吓住了。

上次有位读者给我留言，说她要去面试，特别害怕、特别担心、特别紧张、特别不想去。我给了她一些鼓励，她说，其实我知道，我必须去，只不过想倾诉一下，这样心里会好受一些。

几天后她再次给我留言，说面试已经通过了，她居然击败了那些研究生，成功得到了自己想要的职位。她说以后会更加自信，再也不害怕了。

我觉得这个读者好励志。我们都是普通人，遇到事情时，会害怕、会担心、会紧张，都是很正常的事。但是要记住，无论打多少次退堂鼓，都不要真的退下来。

如果你确定了那件事情是对你有益的，你确定那件事情是你想做的，那么，就带着担心，带着害怕，勇敢地往前走吧。我们必须蹚过那条习惯自我否定的河，才能到达彼岸，才能成长，才会有收获，才会变得更成熟、更优秀。

坚持并不难，不如从一件小事开始

先罗列一下，这么多年来，我坚持下来并且感到挺自豪的一些事情。

（1）写日记。从小学一年级开始到现在，写了十几本日记本，2013年之前还比较稳定，每天或每周都会写，现在算月记了，不过一直在豆瓣上写日记。

（2）自考。大学的时候自考广告学，坚持了两年半，通过自学考过了13门课程，顺利通过答辩拿到了学位。

（3）记账。大一的时候开始记账，记了四年，然后停了，去年年底又开始记账。

（4）慢跑。2010年秋天开始跑步到现在，从去年下半年开始因为空气质量不好，也因为对跑步有一丝厌倦了，断断续续地跑，不是很有规律。

（5）自由职业。从2012年9月份辞职，开始在家自由职业到现在，生活过得还不错，写书，写书评，接受心理咨询师的培训课程，每周上课，搞鹦鹉螺心理成长团体，做心理咨询……

坚持做这些事情使我受益匪浅，比如写日记多年让我拥有写作的能力（尽管一直以来并不出色）；记账多年让我学会合理消费，懂得开源节流的重要性；慢跑多年让我身体更健康，情绪更稳定；自由职业让我学会更好地自我管理。坚持做这些事情带给我的东西显然远远不止这些，除了这些习惯本身带来的好处外，还有内在的改变，思维方式、自我认知的改变，乃至灵魂的改变。

写日记这个习惯最初给我带来的好处只是自我情绪释放的工具。烦闷、委屈、难过的时候，把这些坏情绪写下来感觉痛苦就减半了。后来慢慢有了一点自我激励的作用。低谷的时候安慰激励自己，懒散的时候鞭挞自己。再后来就是自我观察与自省。写日记可以让我静下心来思考，自己和自己开展对话，不断了解和认识自己。自省对每一个人都重要，《论语》说：“吾日三省吾身。”《荀子·劝学》里也有说：“君子博学而日参省乎已。”自省是为了能够完善自己，做更好的自己，“日省其身，有则改之，无则加勉。”写日记就是很好的自省方式，它帮助我懂得反思自己，努力做到知行合一。写日记还让我养成了从不同的角度看问题的习惯。同样一件事情你可以采用不同的人物，不同的视角来讲述，感受和结果也完全不同，这让我学会了换位思考，具有同理心，能够更好地理解别人。

我参加过两次高考，两次都因为各种各样的原因（考虑焦虑、突发特殊情况、遇上洪涝灾害）高考失利，没有考出原本能取得的分数，这两次的失败对我的打击相当大，不仅让我情绪抑郁，陷入强烈的自我怀疑中，觉得自己是不是脑子很笨，人有毛病，也一度让我对自己完全丧失自信。然后一边读着大专，一边坚持自考，一个人选择学校、报名、买书、看书、去考试、然后一门一门地通过，在做这些事情的过程中我的自信心一点点的恢复，看到：哦，原来我能行。在自考的过程中，我不是单单为了应付考试，而是真的在认真学习那些书本上的知识，看广告学、社会学、传播学、美学的书，自己还会去图书馆找相关的学习资料。记得当时一起参加自考的同学有很多，但坚持自考两年半后，我成了年级里唯一完成所有科目的考试并拿到学位的学生，这不仅极大地增强了我的自信心，感觉重新拾起了自己对生活的掌控力，也因为两年半的训练，我拥有了自学的能力，养成了自学的习惯。

有一个学长，从小说话就容易害羞，为人比较木讷。毕业参加工作后，每天上班的路上要花一个小时，他利用坐地铁的时间看书，来回一天居然能看四五十页书，一个月他就能看四五本，如此坚持了两三年后，他就看了近两百本书，连他自己都惊叹不已，同时从这些书中获得了很多的智慧，人也变得自信、健谈和有趣起来。

还有一个做HR的朋友，一直想要早起却始终无法做到，工作日的时候睡到8点钟，连早餐都没空吃，匆匆忙忙就赶去单位；休息日的时候，更是睡到日晒三竿才起床。他采用了很多方法让自己养成早起的习惯，定两三个闹钟，早起在家做早餐，早起去家附近的篮球场打篮球……这些方法都失败了。最后他采用了一个方法，醒来以后，做一组锻炼动作：15个仰卧起坐、15个俯卧撑，15个深蹲，整个过程不足10分钟，然后再去洗漱，吃早饭，开始一天的工作和学习。后来，他养成了这一独特的早起习惯，至今多年，从中受益良多。他跟我说："这个习惯彻底改变了我的生活，我变得更有精神、更有效率，生活也更积极，更有规律，好像内在也在不知不觉中发生了改变。现在假如有一天我没有这样做，总觉得浑身不舒服。"

为什么他能够坚持做到早起呢？是因为他采用了一个很简单、很适合自己的方法吗？我想这是一个很重要的原因，另外更重要的原因是，他坚持运用这一方法，我这样讲听起来似乎有点绕，因为坚持所以坚持。他没有因这个方法太过简单而看不起并放弃，也没有再更换其他的方法，而是不断地重复使用这一方法。现在很多人在减肥，不管男人还是女人，但是真正减肥成功的人并不多，是因为他们的方法不对吗？不是的，只是他们没有坚持。今天采用节食法饿两顿，明天继续大吃大喝。今天采用锻炼法，在跑步机上跑了一两小时，明天继续坐着一动不动。其实只要坚持，很多减肥方法都会有效，无论那个方法多么简单，比如每天走路一万步，每天晚餐不吃，每天只做15个仰卧起坐、15个俯卧撑，15个深蹲……能够把一件简单的事情坚持下去本身就是奇迹。因为不是所有减肥的人都能创造奇迹，所以也不是所有减肥的人都能成功。

根据个人的观察，我发现一个有趣的事情，我们的行为似乎遵循“马太效应”（《新约·马太福音》：“凡是少的，就连他所有的，也要夺过来。凡是多的，还要给他，叫他多多益善。”）。有朋友跟我讲他一个大学同学的事情。他们的学校是很普通的本科，这个同学在大学里跟大多数男生一样，打游戏，追女生，踢足球，跟室友一起喝酒，吹牛，反正就是各种玩乐，学习的事情很不上心。当要考四级的时候，他什么事情都不做了，一心准备考试，天天去图书馆学习，坚持了好几个月，四级考了500多分。考完他还是跟之前一样，天天玩乐。但是似乎有什么东西在暗暗地发生改变。他后来准备考英语六级，如法炮制，他的英语六级也考过了。后来他又考上了很好大学的研究生，然后一边读研一边还跑起了马拉松。

在最初的时候，一个人如果干一件事情能够坚持下来，那他能坚持下来的事情就会越来越多，并且他越来越容易坚持，“坚持”成了他的行为模式，最后“坚持”成了他的品格。同样的，在最初的时候，一个人如果干一件事不能够坚持下来，他干其他的事情极有可能也难以坚持，最后变成干什么事情都无法坚持。就像信中的你一样，半途而废似乎成为了你的行为模式，一种可怕的循环，难以打破。

一个行为重复以后会成为习惯，长久的习惯会影响人格，不同的人格就塑造出不同的命运。一个好的行为若坚持成了一个好习惯后，接着这个习惯就会派生出更多的东西，主动、自信、自律、坚韧、责任感……这些好的品格最后可以改变一个人的命运。

毛姆曾说过一句话：每一把剃刀都自有其哲学。我的理解是任何一件小事，哪怕是简单的、重复性的行为，都会在其重复的过程里，生出一种乐趣和意志，自我蜕变成为一种哲学。村上春树在《当我谈跑步时，我谈些什么》一书的前言中也讲到这句话。他很赞同这一观点：“无论何等微不足道的举动，只要日日坚持，从中总会产生某种类似观念的东西来。”思维会改变行为，同样的行为也会改变思维，甚至会改变一个人的灵魂结构。写日记也好，每天锻炼10分钟也罢，无论多么微小的事情，只要日日坚持，最后都会把你带到一个更不一样的天地，让你看到一个从未想象过的更好的自己。

坚持到底，成功大门才能为你敞开

莎士比亚曾说过：千万人的失败，都失败在做事不彻底。

很多人往往做到离成功还差一步时便终止不做了。其实，只要我们还能坚持一小会儿，便会看到成功的曙光；如果我们不轻言放弃，一直坚持到底，那么成功的大门就会向我们敞开。

希拉斯·菲尔德先生退休的时候已经积攒了一大笔钱，然而他忽发奇想，想在大西洋的海底铺设一条连接欧洲和美国的电缆。

随后，他就开始全身心地推动这项事业。前期基础性的工作包括建造一条1000英里长、从纽约到纽芬兰圣约翰的电报线路。纽芬兰400英里长的电报线路要从人迹罕至的森林中穿过，所以，要完成这项工作不仅包括建一条电报线路，还包括建同样长的一条公路。此外，还包括穿越布雷顿角全岛共440英里长的线路，再加上铺设跨越圣劳伦斯海峡的电缆，整个工程十分浩大。

菲尔德使尽浑身解数，总算从英国政府那里得到了资助。然而，他的方案在议会上遭到了强烈的反对，在上院仅以一票的优势获得多数通过。随后，菲尔德的铺设工作还是开始了。电缆一头搁在停泊于塞巴斯托波尔港的英国旗舰“阿伽门农号”上，另一头放在美国海军新造的豪华护卫舰“尼亚加拉号”上，不过，电缆铺设到5英里的时候却突然被卷到了机器里面，弄断了。

菲尔德不甘心，进行了第二次试验。这次试验中，电缆在铺到200英里长的时候电流突然中断了，船上的人们在甲板上焦急地踱来踱去。就在菲尔德先生即将命令割断电缆、放弃这次试验时，电流突然又神奇地出现，一如它神奇地消失一样。夜间，轮船以每小时4英里的速度缓缓航行，电缆的铺设也以每小时4英里的速度进行。这时，轮船突然发生了一次严重倾斜，制动器紧急制动，不巧又割断了电缆。

但菲尔德并不是一个轻易放弃的人。他又订购了700英里的电缆，同时又聘请了一个专家，请他设计一台更好的机器，以完成这么长的铺设任务。后来，英美两国的科学家联手把机器赶制出来。

最终，两艘军舰在大西洋上会合了，电缆也接上了头：随后，两艘船继续航行，一艘驶向爱尔兰，另一艘驶向纽芬兰。两船分开不到3英里，电缆又断开了；再次接上后，两船继续航行，到了相隔8英里的时候，电流又没有了。电缆第三次接上后，铺了200英里，在距离“阿伽门农号”20英尺处又断开了，两艘船最后不得不返回到爱尔兰海岸。

此时参与此事的很多人都泄了气，公众舆论对此也流露出怀疑的态度，投资者也对这一项目没有了信心，不愿再投资。

如果不是菲尔德先生，如果不是他百折不挠的精神，不是他天才的说服力，这一项目很可能就此放弃了。菲尔德继续为此日夜操劳，甚至到了废寝忘食的地步，他绝不甘心失败。

于是，第三次尝试又开始了，这次总算一切顺利，全部电缆铺设完毕而且没有任何中断，几条消息也通过这条漫长的海底电缆发送了出去，一切似乎就要大功告成了，但突然电流又中断了。

这时候，除了菲尔德和他的一两个朋友外，几乎没有人不感到绝望。但菲尔德仍然坚持不懈地努力，他最终又找到了投资人，开始了新的尝试。

他们买来了质量更好的电缆，这次执行铺设任务的是“大东方号”，它缓缓驶向大洋，一路把电缆铺设下去，一切都很顺利，但最后铺设横跨纽芬兰

600英里电缆线路时，电缆突然又折断了，掉入了海底。他们打捞了几次，但都没有成功。于是，这项工作就耽搁了下来，而且一搁就是一年。

所有这一切困难都没有吓倒菲尔德。他又组建了一个新的公司，继续从事这项工作，而且制造出了一种性能远优于普通电缆的新型电缆。

1866年7月13日，新的试验又开始了，并顺利接通，发出了第一份横跨大西洋的电报。电报内容是："7月27日。我们晚上9点到达目的地，一切顺利。感谢上帝！电缆都铺好了，运行完全正常。希拉斯·菲尔德。"

不久以后，原先那条落入海底的电缆被打捞上来了，重新接上，一直连到纽芬兰。现在，这两条电缆线路仍然在使用，而且再用几个10年也不成问题。

菲尔德的成功证明：只要持之以恒，不轻言放弃，就会有意想不到的收获。然而，许多人做事常半途而废。他们不知道，其实，只要自己再多花一点力量，再坚持一段时间，那些下大功夫争取的东西就会得到。可惜的是，当目标就要达到时，许多人却一下子放弃了。

英国诗人威廉古柏曾语重心长地说："即使是黑暗的日子，能挨到天明，也会重见曙光。"

这是事实，最后的努力奋斗，往往是胜利的一击。

1941年秋天，第二次世界大战期间，英国正陷入苦战。首相丘吉尔受到来自内阁的压力，要他和希特勒妥协，寻求和平之可能。

丘吉尔拒绝了，他说事情会有变化，美国会加入大战，局势将会被打破。对他的主张坚决，有人曾问他何以如此肯定，他回答说："因为我研读历史，历史告诉我们，只要你撑得够久，事情总是会有转机的。"

1941年12月7日，日本偷袭珍珠港，距离丘吉尔的那番谈话不过几个星期。希特勒知道这个消息，立刻向美国宣战，一夕之间情势逆转，美国的全部兵力都拥向英国这边来。日本片面的军事行动牵动了世界局势，使得丘吉尔得以拯救英国，使之免于受到纳粹德军的摧残。

坚持到底，这就是“毅力”。在这个世界上，没有任何事物能够取代毅力。

能力无法取代毅力，这个世界上最常见到的莫过于有能力的失败者；天才也无法取代毅力，失败的天才更是司空见惯；教育也无法取代毅力，这个世界充满具有高深学识的被淘汰者。拥有毅力再加上决心，就能无往不胜。

肯德基炸鸡速食店创始人桑德斯上校就是典型的例子。原本他在一条旧公路旁有一家餐厅，后来新公路辟建之后，车子不经过这里，他只好把餐馆关了。这时他已经60岁了。

他认为他唯一的财产——做炸鸡的秘方一定会有人要。于是，他开始去拜访那些他认为会愿意投资在这张配方上的人。他问了一个、两个……几百个，都没有人要，但他还是认为“一定有人要”，并且不断地研究对方不接受的原因。就这样，经过1009次的尝试，终于有人愿意投资。他成功地创立了世界著名的速食公司，而且在大家认为没有希望的年龄才开始了他的新事业。

坚持并不一定是指永远坚持做同一件事。它的真正意思是：你应该对你目前正在从事的工作集中精神全力以赴；你应该做得比自己以为能做的更多一点、更好一点；你应该多拜访几个人，多走几里路，多练习几次，每天早晨早起一点，随时研究如何改进你目前的工作和处境。

每一个成功人物的背后都满载着辛苦奋斗的历程。

著名钢琴演奏家贝多芬在一次精彩绝伦的演奏结束后，身旁围绕着赞美音乐奇才的人群。一个女乐迷冲上前呼喊道：“哦！先生，如果上帝赐给我如你一般的天赋，那该有多好！”

贝多芬答道：“不是天赋，女士，也不是奇迹。只要你每天坚持练习8小时钢琴，连续40年，你也可以做得像我一样好。”

要想成功，别少了最后那一下下坚持

“我们大人，经历世事越多，有时反而不如小孩子心思澄净，做事有魄力。”

凡事都再强求一下吧，就那么刚刚好的，一小下。

某日，闺密邀我去参观新居。房子格局好，风水佳，闹中取静，最重要的是，还附赠一个小院，种几方花草，摆上阳伞秋千，咖啡一品，书卷一翻，绝对乱世桃花源。

我由衷欢喜，问她，先前也没听你说过，怎么就突然发现这么一处好房源呢？

闺密讲了一个挺有意思的故事。

她说，有天走在街上，有个发小广告的拦住她，“姐，看看我们房子。”按一贯方式，她不接广告不摆手，视若无睹地径直走过去。走了足有5分钟，这人竟一路尾随，毫无退意。最后她烦了，站定，呵斥，“有完没完，你看不明白我的意思吗？”那人说：“你没有明确拒绝，我就想再试一试。”闺密讲到这里，“有点感怀，就冲他最后一句，我接了。”

之后的故事顺理成章，广告中的房子正合心意，孩子日渐长大，需要空间，于是她买下这栋房。

从小到大，我接受的教育一直是——顺其自然，甚至于老子的“无为而治”。凡事尽人事听天命，不问结果，不要强求。且自欺欺人：结果不重要，过程才是。比如投稿，每每投完，唯一做的就是等待，即使有些话想跟编辑聊聊，有些结果想试图挽救，最终都放弃：人家很忙，不要烦人家了；如果稿子好，自然用，没用自然是不好的。

听了这个故事，我在想，如果凡事，我们再强求一下，结果会不会不同？

女儿不到两岁，生性活泼，特别喜欢叫人。每每带她外出，她的小嘴叭叭叭不停，阿姨，叔叔，爷爷，奶奶。凡是过路人，她都要扯着嗓子叫。倘若人家没反应，她还会一直叫下去……直到，耳聋的爷爷回过头来，戴耳机的阿姨取下耳塞。恍然大悟后的人们，往往第一时间称赞她，你真乖，你好可爱。她就坐在婴儿车里甜甜地笑。那样子，目的达成心愿满足，别提多得意。

我时常在女儿大叫时，制止她，你这样会影响到别人；女孩子要矜持；你没看到人家根本不理你吗？她似懂非懂，却一意孤行。然而，她成功的概率远远大于我对人性的判断。

是的，有些人会厌烦，这孩子怎么那么厚脸皮，或，真缺少家教。但不这样想的人，也大有人在，比如因为耳背或者忙于其他，并没有留意到，而后，被那尖利的小嗓音锲而不舍地提醒，终于发现，原来，错过了这么一位热情似火的小姑娘。

换个角度想，再强求一下，除了给自己一个机会，也是给那些误会你、忽略你的人一个机会，当误会消除，关注转移，事情也许充满转机。

其实，强求不难，难在分寸。到什么时刻，你的意愿表达完毕，对方接收成功，进一步，则适得其反，退一步，则不尽如人意。拿捏在进退之间，要因时、因地、因事情原委、因人生阅历而判断。女儿是小孩子，即使她一直叫下去，也没人说，这是个疯子。如果一个成年人呢？过分强求，旁人心生厌烦、恶语相向的概率恐怕大大提升。

最简单的例子，就是谈恋爱。女生拒绝男生，可能因心里住着别人，可能觉得时机不对，也可能她完全无意于你。前两种情形，如果认为值得，可以陪在她身边，等。等她回心转意，等她时过境迁，不时提醒她，还有人在这里，爱你；而最后一种，一旦表达明确，最好抽身离开，这样做，至少还能留下一个耐人寻味的背影。否则再磨叽下去，女生告你骚扰，或唯恐避之不及，也未可知。

我们大人，经历世事越多，有时反而不如小孩子心思澄净，做事有魄力。畏首畏尾，心有牵绊，还总冠冕堂皇地说，我是随遇而安。我们要承认，做大多事情，是要结果的，无论好坏，无论早迟，我们都想在内心的空白处填上一个坚定的答案。从此，安下心来。

凡事都再强求一下吧，就那么刚刚好的，一小下。足矣。

你若一往无前，现实也拿你没办法

出远门，来来去去十几个小时的车程，实在无聊，便翻出一些老电影看。一口气看了《同桌的你》，看了《匆匆那年》，很青春的故事，很相爱的两个人，以为会天长地久，最终却莫名其妙地分手。电影把这一切缘由推给现实，没办法，现实如此啊，在强大的现实面前，多么地动山摇不可撼动的爱情，都会变得不堪一击。

这个理由好合理，竟让人无言以对。不管是爱情还是梦想，或者其他一切，当它莫名其妙失去的时候，一句“现实如此”，一切便都有了让人同情的解释。不但电影如此，生活中，这样的例子更是比比皆是。

朋友小A毕业后一个人北漂，她对未来充满了繁花似锦的想象，她要在那个有无限可能的城市里，找一个体贴温暖懂她爱她的好男人共度此生，还要靠自己的聪明才智和辛勤努力，成为金光闪闪的职场女神。爱情事业双丰收，这样的人生，才带劲，才是她孜孜以求的。

在那个大到无边无际的城市里，她住过地下室，终年不见阳光，也曾加班到深夜，不敢独自回家，在办公室里将就一晚。受过许多白眼，挨过许多批评，被同事排挤过，被领导打压过。但是，无论生活多么艰辛，每次看她微博，都充满了昂扬的斗志，她像一个战士，在城市里冲锋陷阵，过得艰难而坚强。

这样的小A，真的好让人欢喜，每当我对未来产生怀疑的时候，我都会到她微博里去找找动力。我觉得像她这样的女孩子，一定会实现自己的梦想，即使不能实现，一直走在通往梦想的路上，人生也处处都是希望的荫凉。

可是前段时间，小A忽然不更新微博了，在微信上联系她，才知道，她要嫁人了。哇，她终于找到了心中的男神吗？刚咧开嘴想为她高兴一番，后面的剧情立即打得我措手不及。

她说，她即将要嫁的人，是一个中年男人，她不爱他，他也不见得多爱她，只是觉得她青春美貌，可以填补生活的空缺，拿出来也不丢面子。

我大惊，问小A，既然不爱，干吗要嫁？何必这么委屈自己？小A说，没办法，这就是现实，我一个人真的撑不住了，我想找个肩膀靠靠。可现如今肩膀那么难找，别说温暖贴心懂她爱她，就连一个稍微像样点的男人都是稀缺物。她没钱没势，没房没车，长得也不是女神相，在两性市场上，实在没什么优势，对另一半的要求降低了再降低，最后，就降低到只要有人愿意娶她就愿意嫁的地步。

和小A聊完天，我感觉自己整个人都不好了，又是一个被现实打败的人，现实，难道真的就那么可怕吗？

好像想得挺可怕的，就比如朋友小V，喜欢绘画，大学时就尝试给杂志投稿，插画也陆续登上了某些杂志。这让她的梦想像泡了水的馒头，不停地膨胀。其实她的梦想很简单，就是要成为一名插画师，画很多美美的插图，赚足以让自己过上好日子的钱。

毕业后，大家都顶着烈日，像狗一样竖起灵敏的鼻子，到处寻找工作机会，她却把自己关在出租房里，不停地画，不停地画。那时我们都好羡慕她，羡慕她正在为自己的梦想而努力，我们大多数人，连努力都不知道从何做起呢，至少，她目标清晰。

那两年，她真的过得很艰苦，插画的收入根本不够维持日常生活，常常要靠朋友接济，还得辛苦地瞒着家人，每次打电话，都要编造自己在某某写字楼风光鲜亮的谎言。她焦虑，失眠，长痘痘，掉头发，同时也不停地希翼着。

我们都觉得，这样努力的小V，一定会成为一名出色的插画师，等她功成名就时，可能我们这一众人还在灰尘里打滚呢。

可是两年后，小V忽然宣布，她再也不画画了，画画没有想象得那么美好，这条路太难走，荆棘丛生，已经刺得她伤痕累累。她需要生活，她需要挣钱，她需要过上鲜亮的日子，所以，她决定出去工作，做一个勤劳的小白领，虽然不能发家致富，好歹能够自力更生。

我们都替她惋惜，但是她说，现实如此残酷，梦想不值一提，在强大的现实面前，所有梦想都显得幼稚而可笑。

然而，真的是这样吗？我们真的必须在现实面前低头，必须接受被现实打败的命运吗？

我知道有一些人，在残酷的现实面前，始终坚守，然后，获得了美好的爱情，实现了当初的梦想。你随便去看一看那些成功人士，哪一个不曾在现实里跌得头破血流过？但是，跌倒了他们爬起来，他们始终不向现实屈服，最终，他们得到了自己想要的一切。

小A在现实面前把自己匆匆托付了，但我知道作家周冲，在现实里跌了很多跟头，30多岁时，终于等来一个懂她爱她肯给她自由的男人。小V在现实面前把梦想扔到一边了，但我知道插画师夏达，曾把自己关在出租屋里，像苦行僧一样，以为会熬不过去，但她不肯放弃，最终，让梦想闪亮。

不论现实多么残酷，总有一些人，会始终坚持。不管爱情还是梦想，或者其他一切，只要你坚持，你守得住寂寞，你受得了孤苦，你在生活面前傲娇地抬着头，就会发现，现实，就是欺软怕硬的无赖，如果你在它面前退缩，它就会逼着你一直退缩，如果你一往无前，它拿你一点办法都没有。

真的不要再拿现实当借口了，所有被现实打败的东西，都是因为你不够坚持。

心有所挂，所以坚持

去年冬天的时候，我去找一个老同学吃饭，他正在攻读教育专业的硕士学位，那天他在听一个讲座，我到的时候还没有结束，索性就进去听了一会儿。

我不清楚这是什么内容的讲座，不过有意思的是我发现来听讲座的都是年龄四十岁到五十岁之间的阿姨。朋友告诉我，她们都是妈妈。

台上的老师在现场提出一个问题："各位母亲，请你们回想一下，孩子让你们心碎的那一刻是什么时候，5分钟后我们开始讨论。"

"孩子让你心碎的那一刻"这个问题引起了我的兴趣，作为儿子，我似乎从未想过自己让母亲心碎的那一刻是什么时候，我在脑海里和在场的妈妈们一起回想起来。

5分钟后，阿姨们陆续开始发言。

"女儿一而再，再而三对我撒谎的时候。"

"儿子交过一个女朋友，想结婚，我没有反对，只是希望他们再相处一段时间，多了解一下彼此，结果他直接住到女孩家里去了，不要老娘了。"

"有一次闺女和我吵架，吵得很激烈，她冲我嚷了一句，为什么我会有你这个妈妈。我知道她只是一时冲动，但那两天想起这句话就想哭。"

"儿子18岁生日那天，我开玩笑问他以后想找一个什么样的媳妇，他看了我一眼说，找个比我漂亮的。气死我了。"

阿姨们的发言越发踊跃，现场很热闹，我在下面听得一会儿心里难受，一会儿忍不住地嘎嘎乐。

这时候一个阿姨接过话筒，站起来缓缓地说：“最心碎的那一刻，是孩子对我说，他想放弃自己的那一刻。”

现场突然安静了，好像大家都被拽进了自己的回忆里，过了半分钟，阿姨们纷纷默默点头表示赞同，有些妈妈的眼里甚至有些湿润，我不知道是为什么。

台上的老师拿起话筒：“这应该是所有当母亲的最有共鸣的一个答案。”

思绪忍不住地回转，脑海里浮现出高三那一年的自己。那一年因为一些经历的刺激和幼年的神经疾病病史，患了轻微抑郁症和迫害妄想症。情绪完全不受自己控制，精神近于崩溃，每天在恍惚和挣扎中度过，时刻在与自己对话和斗争，但还是无法战胜自己。

那一年，每周都会请假一天，妈妈带着我去看心理医生，她坚持不用药物治疗，虽然药物的效果会更快。

就像重新回到了童年治病的灰暗时光，没有朋友，无处诉说，活在自己的世界里。只有妈妈始终陪伴，即便她不能理解我那些疯狂扭曲的想法，无法给我减轻一丝痛苦。

她在我面前总是很快乐，从来没有表露出因为马上要高考了而对我的担心和忧虑，总是和我聊那些轻松愉快的话题，虽然大多数时候我都沉浸在自己的世界里，根本没有听她在讲什么。

她觉得我很棒，因为她相信我一直在努力战胜自己。

后来我对自己妥协了，算是放弃了吧。因为这样的精神状态连一道题目都无法集中精力读完，高考的日子越来越近，大家都在奋笔疾书，跑得越来越快，可我却在看心理医生，就想干脆破罐子破摔了。

那时的班主任很照顾我，一直在关心我，她觉得这样下去我很可能把自己毁了，当初我是被保送进这所市重点高中的重点班的，很多老师视我为清华、北大的苗子。

她打电话把我在学校的情况如实告诉了妈妈。上课不是睡觉就是在那儿发呆，连课本都不掏。作业从来都是上交前找个同学的抄两笔交差，怎么说他都跟个木桩子一样，理都不理你。一身的烟味。

这是班主任找我谈话时告诉我的。她先跟我道了歉，她说自己没能力帮助自己的学生，她觉得对不起我，并且很后悔把这些情况告诉我妈。

她和我谈话的时候，我还兀自沉浸在和自己的对话里，她那天说了很多，我基本没记住什么。可听到“后悔把这些情况告诉你妈”时，我回过了神。

“为什么后悔，这是作为老师您该做的啊。”

“那天在电话里和你妈说完这些情况后，她就突然哭了，她以前对你的状况一直很乐观，也很相信你，可那天她在电话里哭了很久，哭得我也很难受，不知道该怎么安慰她。”

然后我就哭了，鼻涕流一嘴。我不知道是当时自己真想哭，还是因为那时情绪不受控制才哭的。班主任不停地用手给我擦眼泪、擦鼻涕，把我当个小孩一样，什么都没再说。

那天之后我就开始拼尽全力地逼自己了，几乎到了虐待自己的程度。一个小时里我只能集中精力20分钟，所以就学3个小时来弥补。在临近高考的那两个月里，我每天都是夜里3点睡觉，6点起床，为了抵抗困倦和集中注意力，我白天上课站着听讲。我以前觉得为了集中精力学习用笔尖扎自己的学霸都有病，可我居然连着扎了自己两个月。

妈虽然心疼我，但从不阻拦我。只是在夜里3点钟我关了台灯，准备躺下睡觉时，准时来我的屋里端上一杯热牛奶。我不知道她是定了闹钟，还是一直没睡在等着我。

后来当然什么都好了，什么都过去了，啥事没有，现在依然是帅哥一个。

高考成绩与老师们对我的预期相差很大，但好在一本压线，去了个还不错的大学。高考过后的那个暑假里我一直沉浸在对自己的怨恨里，恨自己的遭遇，恨自己的一切。

人来到这个世上，就是来受苦的。谁没有一点病痛和挫折，谁没有过彷徨和挣扎，我从来没怪过那些经历和老天爷的戏谑，我只怪自己，怪自己有过的退缩，怪自己尝试过的放弃。

临去大学的时候我回高中看班主任，那天几个任课老师正好也在，除了班主任，其他老师都不了解我高三时的情况。只听物理老师说："你这成绩是怎么回事？是不是考前偷懒了？小子。"

我不知道该如何回应，觉得自己挺委屈的。可我难道要用过去的痛苦来解释此刻的委屈吗？这世上有太多苦楚，你敞开心扉地讲出来，在他人眼里不过是借口和软弱罢了。说出来还不如什么都不说。

我惭愧地点点头，赔着笑脸说："是啊，真后悔那会儿自己偷懒，不知道努力。"

班主任在一旁打岔，过来拍我的肩膀，看着那些老师笑着说："不就是一个高考吗，亚豪现在去的大学也挺好啊，他的路还长着呢，他以后一定会越来越优秀，因为这孩子从来不会放弃。"

听到班主任的话，当时我鼻子就酸了。不过这次没掉眼泪，那时候病都好了，已经可以很好地控制自己的情绪了，也可以很轻易地装出若无其事的样子。

大一那年的母亲节，我给妈妈发去一条短信："妈，母亲节快乐。谢谢你带我来到这个世上，我会努力成为你的骄傲，永远。"

妈回了一条："傻孩子，你在困难面前没有轻言放弃，你就是妈妈最大的骄傲，永远。”

大学毕业前的春节，我和两个好哥们一起去看望另外一个哥们小山的父亲。小山的母亲在他幼年时离开了这个家，小山从小和父亲过，大二时去当了兵，快两年了。

小山的父亲这些年都是和他两个人过日子，身边一直没有女人，现在儿子又去了远方当兵，他挺孤单的。

我们去了之后才发现，他确实很孤单。一个年近50的人能跟三个20出头的小伙子喝到天昏地暗，不知道有多久没人陪他说说话了。一下午的时间，我们喝了三瓶白酒和一箱啤酒。

我们几个都知道，小山的父亲是那种典型的把自己对人生的不如意和未实现的理想全部施加在孩子身上的人。

可能是小山大了，可能是他老了。酒桌上他从未提及任何一句对小山的期望和要求，只是一直在大舌头地讲着小山身体哪儿哪儿不好，该注意哪些方面，让我们记下来在电话里提醒他，真的比当妈的还细心、啰唆。

直到我们走的时候，他依然一手撑着下巴，一手在半空挥舞着，不知疲倦地讲着那些说了一遍又一遍的语无伦次的话。

“他爹我没出息，为了以后他的出路好些，我只能让他去当兵，可我儿子有出息，他愿意吃苦头，他以后肯定比我有出息得多！不管他有没有出息都是我的孩子，我就是想让他学会坚持，我就是担心他照顾不好自己的身体，他从小身子骨就弱，比你们都瘦两圈、矮半头的……”

打小山去当兵后，他从没给他爸打过一个电话。他恨他爸气走了他妈，他恨他爸从小就不像其他父亲一样照顾儿子，他恨他爸没能力，让他吃尽了苦头。

去年国庆节的时候，小山给我打来电话。他告诉我，他爸竟然大老远来新疆看他了，可他连他爸的面都没见到。他爸把一箱牛肉干、两盒牛奶，还有一箱他小时候最爱喝的苹果汁放到部队门口的哨兵那儿就走了。

箱子底下放了一个信封，什么都没写，只装了5000元钱。他爸的收入一直不稳定，小山看见过他爸吃鲍鱼喝茅台，可大多数时候是看见他在家就着咸菜啃硬馒头，咂巴着嘴喝两小口二锅头。

我在电话里告诉他："去年春节我们几个兄弟去看你爸了，他希望你有出息，更希望你照顾好自个儿。"

小山在电话那头沉默了两分钟，两分钟，120秒，我以为是信号出了问题，已经准备挂断电话了。

"我会活得很好，也会努力出人头地。有他在世上一天，我就得这么坚持，我也不知道为啥。"

"就算不在乎他，甚至恨他，可我还是想着为了他也要让自己活得好点，你说人怪不怪？"

小山退伍回来的第二天立马来找我们哥儿几个不醉不归。酒桌上他唾沫星子满天飞地跟我们讲起这两年他在部队的经历，他掀起上衣秀出他的八块腹肌，并仰着下巴告诉我们："老子拿了优秀士兵。"

我们都觉得他在胡诌，大学那两年的他不仅连进步奖都没拿过，挂科都挂到了老师不忍收他补考费的地步。

喝到双眼迷离的时候，小山撩起裤腿，直接将腿伸到了饭桌上，腿上有一条长长的疤。

"这是我去大山里拉练时意外受的伤，粉碎性骨折，腿里植入了条钢板，过了两个月后，我照常去训练。这事没跟你们说过，就是想着等回来时跟你们炫耀一下。"

"主要怕你们几个管不住嘴跟我那个爹说了，他肯定又得骂我没出息，心里却又着急得跟自个儿折了腿似的。”

“忍忍就过去了，算个屁事。”

小山以前是一个对待世界和自己都玩世不恭的人，喜欢放纵，蔑视一切他人所看重的事物和感情。

在2013年8月，我和高中时的好友通了最后一次电话，后来她的电话就打不通了。

那时她在加拿大，半夜给我打来越洋电话，她在电话里说“姥姥没了”。

我知道，她从小是姥姥一个人抚养长大的，爸妈都是做外贸生意的，常年漂泊在外，她和他们的感情很淡。过去她和我聊天时，每次提到童年那些快乐、暖心和难忘的回忆时，她总是姥姥长姥姥短的。

对这种感情概括起说来就是，在她童年到少年的回忆里，每一个“爱”字，都是姥姥一笔一画教她书写的。

可她在电话里只告诉了我姥姥去世的消息，后面又聊了几句无关痛痒的话题便挂断了电话。

后来她就没了消息，像人间蒸发了一样。

一直到第二年3月底，我和高中时的几个同学聚会，我在饭桌上想起了她，便向同学打听了下她的近况。

正巧一个在场的学霸和她后来申请了加拿大同一个学校的研究生，两人有过几次联系。

大致的情况是，她非常想继续读研，但申请研究生失败了，就差了一点。随后她一边兼职打工一边继续努力申请研究生，日子过得很充实，人也比以前更靓丽了，好像没有遇到任何挫折似的。

“她爸妈呢？没给她出点主意或帮下她吗？”我问那个同学。

“这个问题我也问过她，像她这种情况按说就应该直接回国找工作了，没必要在那边耗下去。但她当时给我的回答是她要坚持，靠自己努力，为了让姥姥放心。我不大理解她的想法，由于我跟她不熟，所以也没多问。”

是啊，旁人肯定不会理解，她到底在坚持什么。

我从老同学那儿要到了她的新微信号，加了她为好友。

我俩都是白羊座，她的生日在4月初，我想正好能赶上祝她一句“生日快乐”，顺便也关心下她。

大概过了两天，好友请求通过了。第二天是她的生日，可我只发了一句“生日快乐”，除此之外没再说任何话。她回了一条“谢谢，你也是”，然后发了一个“龇牙乐”的表情。

好友请求通过的时候，我看到她的微信签名上写了一句话：“要让姥姥放心，加油。”

我觉得她很厉害，厉害到我觉得多余的关心和询问只会唤起她不必要的愁绪，我们这样简单地互道祝福，挺好的。

她一个女孩，孤身一人在国外颠沛求学，无依无靠，失去了至亲，现实又打破了她当下最渴望实现的理想。我想她会有很多个辗转反侧的夜晚吧，也会有一个人走到街边无人的角落偷偷哭泣的时候吧，这些情景一定发生过，却好像从未存在过一样。

“你说人活着究竟是为了什么？”有很多朋友或读者都问过我这个问题。

我总觉得问这个问题的人，一定都活得很累吧。无忧无虑的人，从不会有这样的疑问。

可又有谁会真的能无忧无虑呢？为什么人会觉得活得累？为什么那么多人要活得这么累？

为什么不能肆意放纵？为什么不能挥霍时间、游戏人生？为什么不能跌倒了就不再爬起来一直躺着，再也不用跌倒？

因为我们都背负着感情吧。

我们背负着亲情、友情、爱情、挚情，和那些匆匆来过又匆匆离去的人留下的难以回报的恩情。

肩上背着它们，怎么会不累呢？我们会有责任，有压力，有期望，有束缚。

年少时幼稚的自己总觉得它们都是枷锁和链条，很多时候，甚至要为此逼迫自己做那些最不喜欢的事。

明明是只向往着无际天空的鸟儿，却因背负着它们，把自己关进了笼子里。

可后来才明白，如果没有它们，也许自己从不会拥有那可以视风雨为无物的坚硬羽翼。

孤单时，彷徨时，一个人在异乡为异客时，想起他们，就好像暗夜里突然升起了一个对自己微笑的太阳。

什么都不叫事了。什么无处诉说的苦衷，都可以咽进肚子里了。

它们或许给过你束缚，可同时也给了你最有力的翅膀。

爱，给予一个人的力量真的太强大了。哪怕那个给予你的人已经消失于人海，已经去了另一个世界，可留下的记忆随着时光的流逝，却会越发深刻。

你把“爱”字拆分一下来看，不难想象到，就是有一个人在每次下雨的时候为你撑起了一把伞，待你如友，没有年龄的差距，没有时代的隔阂。这就是“爱”。

我有时候也会很迷茫地问自己，人到底为什么活着？

为了回报吧。

回报那些让你的垃圾变成糖、让你的心尘开出花，回报那些当你蜷缩在黑暗一角时为你照进一丝光芒的人。

可就像我也是用了很久的时间才明白，那些爱你的人，从不会在乎你活得光鲜或暗淡、荣耀或庸碌，他们关心和在意的是你是否平安健康、是否一直走在自己的路上。

姥爷走的那年，我翻家里的老相册，在一张他两只手分别牵着我和妹妹的照片背后，看到一句语颇隽永的话：“吃饱饭，咬住牙。”

他曾是省市重点高中的校长，饱读诗书，是那个时代的高级知识分子。可活了一辈子，他所留给后辈的希冀不过是这六个字：“吃饱饭，咬住牙。”

跌进拔不出脚的泥泞时，重重地摔在地上时，被阴霾笼罩看不清未来的路时，我就索性什么都不想，把自个儿照顾好，咬牙多坚持一会儿。这就是我要做的。

命运多舛，一路走来，我才明白了一个最简单的道理：照顾好自己，并不轻言放弃，便是对至亲与挚爱最好的报答。

人活着到底是为了什么，想那么多干吗，吃饱喝足，照顾好自个儿，咬紧牙关，别动不动就放弃。够了。

就像年少时的你我总喜欢主观地夸大磨难，不由自主地就会沉湎在自己铸造的悲伤与孤单的城墙中。

可如今回想，我却好像从未独自面对过苦难。

总有某个亲人和挚爱在默默地陪伴着我。为什么那时稚嫩的我常忽略了他们的存在？因为他们总是站在一个距离之外。为什么他们要站在一个距离外？因为他们恨自己无法帮我减轻苦痛，只能站在一边默默地陪伴我。

我从未觉得自己独自面对过任何苦难，并且因为他们，我学会了独立面对一切。

风雨中不改信念，艰苦时不忘初衷

每个人都有一个梦想，但不是每个人都能实现梦想，都说梦想和现实相距太远，似乎梦想就是遥不可及，就是雾里看花水中捞月，面对残酷的现实，梦想只有夭折才使我们踏实。其实阻碍我们前进的就是自己，觉得梦想遥远的是自己，觉得梦想之路坎坷的是自己，觉得人言可畏的是自己，放弃梦想的也是自己，我们把自己圈在一个自己设计的围墙里，局限在自己思维的界限中，然后怎么也突不破这道沟壑，成为自己的俘虏，败给自己。

有人说：心有多大，舞台就有多大，没有做不到，只有想不到。只要我们想到了就要对自己说，我可以，我一定行。勇于面对自己的不足，超越自己的格局，承担失败，吸取纰漏，重头再来。如果你一败涂地，从此一蹶不振，那你只能望洋兴叹，遗憾终生。

一位辽宁的农民，他非常喜欢唱歌，他在农田里歌唱，在泥泞的山路上歌唱，在脏乱的鸡舍里歌唱，一唱就是13年。但是很多人说他的嗓音不适合唱歌，可他不想放弃，妈妈的支持给了他极大的鼓舞，他来到《中国好声音》，只想问问老师们，他的嗓音究竟有没有，能够唱出自己的未来？一曲悠扬，深情的英文歌曲还没唱完，三位权威老师就转过来急不可待地想知道，那个奇特的嗓音，是什么样的女孩唱出来的，当他们转过来的那一刻似乎都惊呆了，原来他是位帅气、清亮的小伙子。

那英的第一句评价就是唱得太迷人了，庾澄庆给予音色特别的肯定，杨坤也说“该发光发亮的时候到了，如果能出来，那就是独树一帜的”。是啊，老天爷给了他一个非常独特的嗓音，同时又让他生活在反差极大的环境里，难道不是一种历练吗？如果在他听到别人的“判决”后就放弃梦想，如今他依旧是无人问津的泥腿子。13年一直坚持着这个梦想，那就是回报自己的坚持和父母的期望，梦想其实很简单，做起来却很曲折漫长，他超越了自己，农民一样可以高歌嘹亮，一样可以站在舞台中央，拥抱梦幻的霓虹和热烈的掌声。

来自台北板桥的盲女，一位街头表演者，已经36岁，她不漂亮，甚至很丑，身材很胖，而且是盲人。可那声音就是第二个邓丽君，情悠悠独上西楼，别有一番滋味在心头，让人想象一位超凡脱俗的人间仙女，一袭白衣，飘飘裙带，身姿婉约婀娜，明亮的双眸似清澈的湖水，站在阁楼上望着月亮，犹唱情丝千缕万古柔肠！可当老师们都激情转身后，个个惊呆了，是大失所望？还是出乎意料？又是感动又是震惊，傻了，惊呆，幸福的感觉一起袭来，甚至含着泪水。

她虽盲人，却那么自信，她说自己在唱歌的时候就是一个灿烂的发光体，她的梦想却只是要与自己喜欢的那英同唱一首歌，“输赢的代价是彼此粉身碎骨，外表健康的你心里伤痕无数，顽强的我是这场战役的俘虏”。上天帮她关上了一扇窗，可又给她打开了一扇门，我想上天是公平的，盲女虽眼前是黑暗的，但是她的内心却是五彩缤纷的，她不会因为自己的残疾，来让别人怜悯，她战胜自己看不见的局限，超越自己的自身的缺陷，来到灯火辉煌的舞台，以柔美深情的歌声，带给所有人耀眼的光亮，也许这就是残缺的完美，遗憾的圆满，她的前途是无限光明的，因为她战胜了自己。

贵州的小女孩，她只有一米四八的身高，在妈妈的肚子里就喜欢唱歌，妈妈都说她那么矮还想做明星，摄像机都照不到她。可她的身体里却有一个等待爆发的小原子弹，她要突破自己，用“真实”的身高来证明自己，男朋友的贬低和瞧不起，使她更有力量去完成自己的歌唱事业，她的梦想就是成为歌坛的小巨人，用歌声证明自己的高大，谁不想有个亭亭玉立的身姿，谁不想有副如花似玉的容颜，老天不给你，他就会在其他方面让你有潜质，只要自己不拘泥在那些所谓的缺憾里，找到自己的亮点，持之以恒地去努力，你的潜能就会挖掘出来，成为闪闪发光的金子！

还有那么多战胜自己，实现梦想的人，不光是在歌坛，还有奥运健儿，学术精英，设计人才等等各行各业，他们未必都是天才，他们不一定从小就在这个行业里是佼佼者，但是我确定，他们都有乐观自信的心态，坚持不懈不畏坎坷的决心，风雨中不改信念，激流中不退热情，艰苦时不忘初衷。脚踏荆棘面不改色，汗流浃背一笑而过，满目疮痍泰然自若。

战胜自己，终有一天，你会扇动着梦想的翅膀，飞翔在蔚蓝的天空！

第三章

让每一步奔跑都是无损

所有的时光，
都不能轻易荒废和虚掷

前一段时间，L先生在自己的动态圈里，发了几张简单又迷人的照片。照片中，沙漠蔓延到天际，一条公路从沙漠中劈开，棕黄色的骆驼，在广袤的黄色布景下悠闲散步，蓝天白云，像结在河里的碎冰，清丽温暖。

两张图片下，是L留下的一句话，这句话是这样的：

看着风景，住着欧曼宾馆，380房间，每次吃饭11路车……

L先生是一个大型货车司机，每天的工作，就是开着他那辆十多米的大型挂车，山南海北的跑。在海南三亚停驻过脚步，在云南大理观赏过风光，在逶迤曲折的高山云层间穿梭如流。

而这次的动态，是他去新疆运送哈密瓜的路途时拍下的。

我抱着手机，盯着他的这条动态发呆，周围是高大结实的石灰水泥，我们像被一间间格子隔离起来，每天在宿舍、教室和食堂间奔走。生活像被定上了闹钟，一切按照时间表上的进程推进，好像每天的活动，一眼就能看到头，毫无生机可言。

想到L可以去全国各地到处转转，去更加广阔的空间，领略不一样的生活和风景，我简单而重复的生活则显得枯燥乏味。于是，年轻躁动的心情，对他那样的生活充满期待和憧憬。脑子热时，想逃离周围高大的围墙，去追随他那样的生活脚步。

但不久，两人聚在一起聊天，杯盏交替间，他对我坦言，运输这个工作

蛮辛苦的，因为货运时间限制的问题，经常需要熬夜驾驶，需要不断紧绷着精神全神贯注。当然，路途中还可能会遇到这样那样的风险。而你所看到的，那些一闪而过的风景，只是我们奔波生活中的一个点缀，一段剪影，但我们毕竟不是旅行，所以无法安逸享受地坐下来，品味一番。而那些路过风景，美是很美，但我们的目的地不是那儿。

我看到他比之前晒得更黑的皮肤，想到烈日炎炎，和别人苦口婆心谈生意的情景，夜半时分，你呼呼入眠时，有些人，还在遥远的地方，熬红了双眼，风尘仆仆地一路奔波。顿时觉得，有时候，你只看到别人光鲜亮丽的一面，是因为你自己没有切身地去体验。

我们总爱把自己没有的，或无法轻易得到的，虚构得很美。而正是因为得不到，所以才给了它无尽想象的可能。

我有两个女性朋友，姐妹花，M小姐和H小姐。

M是妹妹，毕业后早早结婚，如今生了一个孩子，白白胖胖的惹人喜爱。M平时在家做些家务，偶尔出去散散步，大多的时间，就是和孩子待在一起，做起了全职妈妈。

而姐姐H小姐，虽然早已大学毕业，但毕业后去了男朋友的城市，两个人在一起打拼，并没有马上结婚，而是为了未来的生活一起努力奋斗。因为没有成家，没有孩子，生活相对自由轻松。H闲来寂寞，养了条宠物狗用来打发时间。

H也曾对妹妹M说，干吗这么早结婚，一结婚，就失去了很多自由。有什么好的呢？

M想了一会儿，说，算不上有多好，但也算不上多差。我只是比你早一点组建了家庭而已，而我结婚后，一家人都对她蛮好，如今又有了一个可爱的宝宝，虽然不能如你一样，生活更加自由和随性，但我有了自己的新的圈子，没有感觉到好与不好，只是切换了一个不一样的生活方式而已。

就像听歌一样，之前你经常听的，是充满激情洒脱的摇滚，只是，突然有一天，你听倦了，按了下一首，曲子切换，歌风突变，不再是摇滚，是一首安静祥和的摇篮曲。但没关系，这首歌我也挺喜欢。

M小姐关切地看了看熟睡的宝宝，接着说，这就像你我的生活一样，或许你可以随时和男朋友来一场说走就走的旅行，可以以一个独立女性的身份，穿梭于公司和住宿间。因为没有结婚，两个人依然可以像谈恋爱般甜腻。

而我呢，每天开始在柴米油盐酱醋茶的生活中奔走，开始放弃了一些自由，因为随时要带孩子，还要重新适应新的亲戚关系，完全就一全职妈妈奔波的份。

但我的生活，也有了你不曾体会到的快乐，孩子陪在身边的那种幸福感，不是你养了一只宠物就能相提并论的。当然，因为做了全职妈妈，也不用在工司里上拼命努力，看老板和同事的脸色。而建立了一个家庭，也让我更早地学会独立和成熟，因为已经不是一个小孩子，因为承担了更多的责任，因为需要为了营造一个和美幸福的家庭而努力。

M小姐继续说，我觉得自己只是比你们早点儿步入婚姻的殿堂。有人说，婚姻是爱情的坟墓，但我觉得，婚姻也是一段爱情最终的结果和小窝。一段好的爱情，不是两人是否有没有结婚来衡量的，全凭你怎么经营和对待。而即使现在，你我的生活不在一个频道，但你我的生活，多少都有着相应的幸福和烦恼。没有什么好拿来比较的，只有经营和应付好自己的生活才最重要。

我对她的说辞表示一万个赞同。因为人生本来就是一个巨大崎岖的十字路口，你走你的阳关道，我过我的独木桥，没有什么好羡慕和不屑的，你在这里看到的一处旖旎的风景，别人可能会在那里看到不一样的。

但总有一些人觉得，有一种生活，是别人家的生活。我们有时过得不快乐，并不是来源于生活本身，而是把他人的生活美化一番，才对比出自己生活的糟糕。

人们总爱去比较，是因为我们总看不到自身。

北漂南下的人，在经历了一番风霜洗礼后，可能羡慕那些可以安稳在自己生活圈子的人，而事业稳定的，则内心躁动的想去更加广阔的世界看看。你羡慕小桥流水下的袅袅青烟，人家可能羡慕你，城市里良好的保障和便捷的交通。你可能羡慕别人成家后的安稳甜腻，别人可能羡慕你两人红烛的爱情生活。

也可能，你还没有找到那个，可以随时陪在身边的人，但单身的日子里，是自己升值的最好机会。你有着更多的自由，尽管你不想再一个人这样过下去，但一个人的日子，你毫无选择，还是要快乐而富足地过下去。

因为这段单身的时光，在你恋爱和结婚后，就不再拥有。

而既然自己的生活无法轻易改变，就不用拿自己的生活和别人对比。因为，条件不同，主体不同，所以，每个人的不同生活，都没法拿来比较和评价的。而有时那些外表看起来幸福的生活，也许在你不知道的地方，也有着裂纹和伤痛，有着只有主人公才能体会的不幸。

所以，不管你身在何处，不管你将去哪儿，愿我们都能朝着心中有光的地方前行就好。而你所有的日子，都不要轻易割舍和放弃，所有的时光，都不能轻易荒废和虚掷。因为你就站在当下，所以一切都显得弥足珍贵。

时间是最公平的，你付出多少就会收获多少

前年春天，我置身于夏威夷的海滩，在雪白的沙子上铺一条浴巾，舒坦地躺下。碧蓝近在咫尺，不时气势汹汹地扑打过来。我被微咸的海水覆盖着脸，水流走后，细沙散在颊间和鼻翼旁。看着身边的沙，在浪花中进退、翻滚，留下一道道棱线，我忽然想起时间对人脸的雕刻。毫无疑问，这是人间最恒久、最繁复、最有看头的艺术。这一工程，须有双方的合作，人献出身体，时间拿出刻刀。人体的新陈代谢，从成长、成熟到衰老，不停顿地进行。

同样，人一辈子持续进行的，是时间对其的雕刻。在这个工程的预备期，时间假手许多物质。最先，派遣羊水，浸泡、塑造，使胎儿成型。瓜熟蒂落，婴儿离开了子宫，以脐眼为终生的印记，从此，成为独立的个体。

从出生的第一天，雕刻师——时间便在场。无一幸免地，我们被这个最称职的艺术家置于完全严密的控制中。首先，雕刻师制作“粗坯”，大而化之，轮廓和线条，以简单为原则。婴儿皮肤的嫩滑，儿童眼睛的澄澈，少男丰茂的头发，少女修长颈项上的绒毛……这些，都属于伟大艺术家的创作。他为每个人打“草稿”，总是先粗后细，先浅后深。所谓“天真”，指的就是没有被时间精细加工的样子，一如没有云彩和污染的蓝天，避开霜雪风暴侵凌的春天的草叶。

青春是时间的杰作，整个作品的格局已定。男子的皮肤长了毛和青春痘，肌肉带上山岳的棱线，嘴唇上下有了粗硬的胡子茬儿；女子的身体有了诱人的

曲线，脸孔带上桃花一般的娇艳。如此蓬勃而芜杂，妩媚而敏感，雕刻师欣赏时也陶醉了，忘情了，不舍得再加一刀。这就是为什么世间留下稀缺的“不老”的神话，但限于某个时期。

然而，时间的创作，不以“完美”为终点，他的使命是“完成”——把工作直做到心脏停止跳动的瞬间。

人到中年，雕刻师开始施以“工笔”。饱满额头上的三道横纹，是中号刻刀利落地刻下的，抬头之际格外昭著。随后以小号刻刀的精细镂出眼角的鱼尾纹。光滑的颊下开始“水土流失”，一道道纹被刻刀凿开，继而被岁月的流水冲刷复冲刷，终于成为沟壑。这个永不停歇的雕刻师，有的是辅助工。他让四季不同的风，吹拂手头的作品。春风给少妇的眉眼刷上慵倦的性感，秋风呢，有如扫过密林一般，使得人的头发变得萧疏，下一步就是披上白雪。

大抵而论，时间对每一个人生命的下半部，基本上都做减法。这是雕刻师的工作原则，正如大师罗丹的名言：“雕刻就是把多余的去掉。”丰腴变为瘦瘠，浩瀚变为细小。反其道而行的也有，如腰围和老年斑与日俱增，但改变不了生命化繁为简的总体格局。

时间的功夫若只下在人体外部还好，人有望保持心灵的年轻。可是，时间必须履行使命，那就是“完成”——时间的完成就是人的完成。欲望从繁复变为简约，情绪从激昂变为平和，思想从肤浅变为深刻。而内与外，常常是一致的。睿智的眼神配通达的心灵，邪恶的表情配阴险的灵魂。然而，不乏内外相悖的例子……看来，时间的雕刻，未必每一刀都按照既定的步骤。生命的多彩和诡奇即在这里。

每一步人生，遗憾可有，怀念也有

我很喜欢美剧《生活大爆炸》，里面有句台词很经典：世界上只有一种饼干，中间夹有能解除人生烦恼的东西，它的名字叫奥利奥。

此后，我吃奥利奥，觉得所有烦恼都可以被吃掉。拿起一块夹心饼干，我总会不禁意想起那个非要完成“扭一扭、舔一舔、泡一泡”所有步骤的年幼的自己，以及明知不可能再有还念念不忘的童年乐趣。这时我会产生一点点情怀，但显然不是指胸怀或者某种文学情致，那是一种心境，连接我们与过去，又在现实与我们相遇，就好像完成了一个对别人无关紧要，对自己却颇有意义的仪式。

最近在看猫语猫寻的《我不愿让你一个人》，在她的文字里，大概就有这样的奥利奥夹心，不管是奶油味的，还是牙膏味的，都是属于自己的意象和情怀。作为读者，我并不知道故事会讲到了哪里，只是跟在一只猫身后，等待她偶尔地优雅转身。

不同于我在网络上认识的那个笔下似有聊斋见闻的猫语猫寻，她在这本书里甩开了奇诡的行文风格，转而用细腻平实的笔触去感知世界的温暖有力，一次次咀嚼回忆挖掘生活。她对亲情有一点执着，对诗歌有一点偏爱，对青春和梦想有一种清醒和痛苦，但她又并不因这种清醒而感到煎熬，也不因痛苦而陷入寂寞。

她写“好好享受一个人的生活，好好享受一个人待着的时刻，无关乎名利、金钱，只是青春里特有的气息”的时候，我很想跑到她的朋友圈去点个赞。

记得进大学的第一个平安夜，班长用班费买了苹果，然后跑到女生宿舍楼底发给大家。这是我平安夜收到的唯一的礼物，想来还有点心酸。在这个连清明节都能被情侣当作情人节来过的社会，我是一枚单身狗的真相，也就不言而喻了。现实正如猫语猫寻写的那样：与其说我过着我自己的青春，不如说我活在别人的青春里，而我的青春正躲在一边生气呢。

少年滋味，总有脱离柴米油盐的轻狂气质。试问谁年少时不曾向往非凡的经历，不期待少女漫画里的爱情，或者不希望有一天可以征服银河系？

平安夜那晚，我和隔壁宿舍的妹子跑去楼下小超市买了啤酒、鸡爪和花生米，然后齐齐盘腿坐在黑漆漆的篮球场上大喊干杯。从班级八卦聊到世界和平，从清醒自嘲到微醺傻乐，越来越沉的夜色和即将到来的宿舍门禁时间都拦不住我们想要跟这个世界谈一谈的冲动。

话又说回来，虽然我的学生时代过得并不精彩浓重，没有谈过什么恋爱，没有在宿舍偷偷煮个粥吃个火锅，也没有醉得不省人事或者代表月亮消灭谁，但青春这东西不管是哪什么口味，总是弥足珍贵的。

浪漫和空想，天真与善良，构成少年意气，创作出的是一幅莫奈的《日出·印象》，虚化了世界原本的色彩，让朦胧和光晕烘托出青春的主题。连烦恼都很纯粹的年少时光里，不管岁末的夜多么寒意慑人，我们都能凭借对未来的畅想保持发烫的体温。

如今，我们有圆滑世故的部分，是因成长而对世界做出妥协；我们有棱角分明的部分，是为坚持自己而划下的底线。我们对孤独与青春的顿悟仿佛是一瞬间完成的事情，就像我们时常以为长大也不过是一夜之间的改变。走过的弯路无人会在意，失去的珍贵也只有自己心里澄明，心里的力量就这样慢慢积蓄，驱动我们前行去寻找更好的自己。

毕业后的某天，我加班加得丧心病狂，晚上下班时果断与一道加班的同事妹子去觅食，犒劳自己。我沉默着坐在车里，看整个城市的霓虹流光倏然涌进来，脑子被放空。此时我坐身边的同事停止摆弄手机，转而抱怨手机里的windows系统是多么不好用。

我问她：“明知系统不怎么样，干吗还要买带这种系统的手机？”

她笑了起来，瞬间从女汉子变身为文艺小清新：“因为它的名字是诺基亚啊。当时买，有一种情怀。”

她的话轻轻叩击在我心上，叫我暗自感叹那个被戏称为从十几楼摔下来都不会坏的手机，永远被留在了我们最恣肆狂妄的学生时代。随着诺基亚的惨淡谢幕，我们那些在上课时偷偷发短信、周末打电话问作业答案的美好时光，遗憾地，再也回不去了。

“那一年我9岁，我体会到了一种叫作遗憾的情绪，那是一种让人揪心又痛苦的情绪，就如同我想在果园里摘果子给她，但那刚刚才是春天，果树才刚开始发芽。”这句话，是猫语猫寻的书里我最喜欢的一句，它像一把温柔的风刀撕开了沉闷空气，让新鲜的疼痛充盈我眼眶。

我就是这样，会被文字或影像勾起回忆。

于是我认真地闭上眼想一想，脑海里那些产生回响的事情，大多不是一场痛快的杀伐决断，也没有人来人往的热闹喧嚣，更不会有排场非凡的宏大画面，它时常以一种清淡的，幽微的，不可明言的姿态出现，或许是一种令人心动的书香，是一道并不美味的小菜，是午后穿云而来的阳光，是不小心微微上扬的嘴角，是叫人能清晰感知却偏偏抓不住说不清的喜悦。

也许这就是我们的青春，无论好坏，无论急缓，都会被怀念，都会被遗憾。

不觉，想学稚童那般摇头晃脑背两句苏子的词：“雪沫乳花浮午盏，蓼茸蒿笋试春盘。人间有味是清欢。”

留一条路给别人，让他自己去走

友老丁送儿子去省城上大学，按理说要第二天才能回来，没想到当天下午他就回来了。他说只送儿子上了火车，然后自己就回来了。

我说他有点不负责任，作为一个父亲，应该送儿子到学校报到。老丁笑道：“送人千里，终有一别，还是留一段路让他自己去走吧！”

我终于明白了他的意思，顿时对他肃然起敬。

作为父母，也许你很疼爱自己的孩子，希望儿女们平平安安，永远幸福，但不是每个父母都能长命百岁，不是每个父母都能陪伴自己的孩子一生，总有一段路需要儿女们自己去走。

作为老师，也许你很关心自己的学生，希望学生们一个个考上名校，都有出息，但你终究只能陪伴学生走到考场外，考场内的那段煎熬还得靠学生自己去体验，试卷上的难题还得靠学生自己去解决，考上大学后的学业还得靠学生自己去完成。而且你也将会有新的学生、新的任务，你的头上迟早也会添白发，你也迟早会退休，总有一段路需要学生自己去走。

作为伴侣，也许你非常喜欢自己的另一半，希望另一半健康幸福，永远快乐。但人生路上有时有人会先走，那么自己也要学会承担。而且每个人都有自己的事业，不可能与伴侣时刻寸步不离，总有一段路需要伴侣自己去走。

作为朋友，也许你非常关心你的朋友，希望每一个朋友都万事如意，一帆风顺，但每个人都有自己的家庭和事业，每个人都有自己的生活，不可能永远陪在朋友身边，总有一段路需要朋友自己去走。

所以，总有一段路需要别人自己去走，因此你不必害怕。儿女们长大了，试着让他们走出自己的视线，去开始新的生活；学生们毕业了，就让他们各自高飞，去取得新的成绩；伴侣整天陪你也不容易，就放手让他去开创自己的事业，实现自己的人生价值；朋友在一起是一种缘分，但不要把聚散看得太重要，相信朋友在新的地方也能实现梦想。

总有一段路需要别人自己去走，因此要珍惜在一起的这段美好时光。鼓励儿女们打造一双强劲的翅膀，无论天涯海角都不会坠落；引导学生们认准前进的路，无论何时何地都不会迷失方向；与伴侣互勉，各自取得事业的辉煌；在关键时刻向朋友伸出援助之手，让他渡过生活的难关，看到明天的希望。

总有一段路需要别人自己去走，你又何必把别人控制在自己的视线里？还是放心地留一段路给别人自己去走吧！小鸟要自己展翅才能学会飞翔，人要自己行走才会真正成长。人与人的相处不应该是相互占有，而是彼此的尊重！

多为自己准备 不同的衣服

我还在上大学那几年，外婆把退休金交给亲戚去存高息贷款。存款期限为一年，第九个月还照常往卡里打利息，第十个月就被告知借款方跑路，钱可能要不回来了。

老人家心急如焚，但是还是不愿意跟亲戚撕破脸。我打听了一下，他们家干的缺德事儿子也知情，还说都是亲戚不会为难亲戚这种混话，于是我决定约他出来聊聊。

他在一家事业单位上班，我们约在他单位旁边的商场。去之前我已经想好了，虽然我们是从小一起长大的发小，虽然我亲眼见过他奶声奶气地找我外婆给他掏耳朵，但是给一份无效合同让老人去存高息实在是该烂心烂肺。

我打算直截了当地告诉他——如果再不还钱，我就去他单位闹事，赖在领导办公室门前不走，闹呗，哭呗！反正我光脚的不怕穿鞋的，我就说看看你们培养出来的好同志，蓄意骗亲戚的钱，缺德不缺德？

去之前我还专门和律师朋友咨询了一下。除了专业的知识以外，他还特意叮嘱我：“问人要账这事儿，要表现出强势，不仅对付的词要心里有数，衣服也不能太随意。最好穿正式点，鞋跟也不要太矮。总之不要带学生样，带着学生样去要账，准完蛋。”

我不以为然说：“正式的衣服穿起来别别扭扭的，高跟鞋走路又一崴一崴。还是休闲服平底鞋自在。”

之后，我到达约定地点，只见他一身职业装，我立马觉得自己T恤球鞋小挎包弱爆了，不像是来示威，反倒像是来求人的；他开口说话，满满的斯文败类：“我们家的钱也在里面呢！我妈天天以泪洗面。不过我安慰她了，我说都是亲戚，不会太为难我们的。”

我要抬起下巴才能同他争辩，可是我想努力把自己的气场拔上去的同时，居然忘词儿了——律师朋友事先给我补习的那一套谈判术语我全忘了。

我真是应该穿高跟鞋，如果目光上能够平视，我会自信很多。

总之我们交手了几个来回，我铩羽而归。之前谋划地打一场硬仗，也只能永远留在我的想象里。我想在他看来我一定还是一脸幼稚相，软弱可欺，没有任何存在感。

所以我输了。而且火都没发出来会谈就愉快地结束了这种感觉真是差极了。

人的一生要扮演很多种角色，每个人在日常生活中也会有很多面孔。就像是收音机一样，频率对上，才能听到对的声音。在学校单纯积极，在家庭温暖松弛，在社会诚恳独立，如果都用一种面孔去应对所有的角色，那很难做到从容应对，也很可能就像是之前的我一样，被轻松打败。

在《来自星星的你》里，千颂伊有段时间星途黯淡，但是她到公司签合同时，穿的是一身黑衣，脚踩超高的高跟鞋，还拿黑超遮面，给镜头的时候是从下到上拍的，要穿得很霸气，才好去谈事情。

气场不够，衣服来凑。

台湾美学教授蒋勋曾说：“20世纪20年代，法国开始出现第一代女性主管。服装设计师香奈儿就运用男士衣服的元素开始设计女性主管的服装，目的就是为了让女主管出现时有说服力。”

你在穿什么，在外人看来，就是在传达什么。穿个运动衣、球鞋去谈事情，对方肯定觉得公司怎么派了个稚气未脱的小孩来；穿着正装去，成熟干练，还有进一步聊聊的可能，对方也觉得受到尊重。

在现代社会，衣服已经不仅是衣服，不只是为了御寒，不只是为了彰显美丽，衣服代表着你愿意展现给外人的印象。

我上大学那会，台大有位日本教授到我们学校参加研讨会，他是所有的人当中穿得最正式的，麻灰色的西装配浅色衬衣，扣子和领带打得一丝不苟。

那天来了很多教授，但是他留给我很深的印象，不是因为他是日本人，我也不确定他的色彩和明暗花纹搭配是否规范，只是因为他穿衣服的严谨，让我感受到他对于知识和学问的敬重。私下里再见他，他也是休闲的装扮，交流起来，亲切可亲。

分场合穿衣服是一种能力。我同意，心态可以是永远17岁，但是要是想在事业上和社会上更顺遂，穿衣服要动脑子，讲搭配。

英国前首相撒切尔夫人在竞选首相之前，为了向选民显示她拥有领导全英国的力量，特意把自己生来又尖又细的小嗓训练得低沉浑厚；她开始选择穿剪裁笔挺的商务正装，往往以套裙为主，不仅形成了她独特的个人风格，而且气势十足。撒切尔深知自己在男人为主的政界当中不能有一点点缺乏自信，于是她不放弃任何使自己看起来更强大，更可靠，更能够和男人平起平坐的机会。

撒切尔83岁的时候，她女儿对媒体调侃说："打开母亲的衣柜从来没有休闲装，只有职业装，因为她从来没有闲过。"

一生钟爱蓝色套裙的撒切尔曾经说："我穿衣服给谁看？我根据不同的场合和我的工作性质更换不同的衣服，并且我知道，这很重要。"

因此做一件事情想要达到最好的效果，就要在恰当的时间及时调频。衣服对上场合就像是角色对上了频率。频率对了，你就赢了。

用行动派
告别拖延症

拖延症，是一个让好多人都无比头疼的问题。但无疑，这个缺点，是很接地气的。

为何说它“接地气”呢？因为大多数人都有这个毛病啊，这里的“大多数”人没有经过调研，没有数据支撑，但其实没有几个人敢理直气壮地说自己就没有拖延症。

一般来说，接地气的东西往往就不够高贵，但拖延症却例外，它既接地气又有几分高贵。

这个“高贵”，又如何理解呢？拖延症患者，一般都具有不见棺材不掉泪，甚至是“见了棺材也不落泪”的魄力和霸气，安得不令人钦佩？

我对拖延症患者的膜拜乃是源远流长，有一个经典案例，我曾经引用过无数次。我大学毕业那年，是5月交论文，可室友在4月底还没有动笔，而我早在4月初就交上了初稿。室友真诚地对我说：“我好崇拜你啊。”我毫不虚伪地对他说：“你错了。我之所以能那么早完成，是因为我非常讨厌写论文，并且，我对能否写好论文一点把握都没有，这简直就是我一个挥之不去的阴影。我必须很早就动手，先把它写好，然后才可以放手去做其他事情。而你之所以迟迟不动笔，是因为你信心十足，你认为自己可以在半个月内搞定。这是一副怎样的举重若轻和气定神闲啊。所以，应该是我崇拜你才对。”

此话百分之百发自肺腑，绝无半点讽刺，并且，自此之后，我对拖延症患者的崇拜之情是一百年不动摇。与此同时，面对那些敢于拖延的人，我总是有几分自卑。与此同时，由于非常不自信地承认了自己做事的低效率，所以从来不敢拖延。

在面对一大堆任务时，我一般是将其先简单地分为可做、可不做和必须做的。再将“必须做的”分为省事的跟费事的，先将省事的做了，有利于提高整体的目标完成率。在那些必须做且费事的任务里面，我一般是先做我讨厌的，把相对喜欢的放在后面——如果是把讨厌的留在最后，则你在前面做那些自己喜欢的任务时也会闷闷不乐，全程都痛苦。

拖延症的另一个诱因是完美主义。完美主义，是对自己的一种高标准要求，当然是有几分高贵的啦。

完美主义者，总是对自己太苛刻，“等条件具备了、等我有把握一炮打响的时候再行动”，但事实是，时间不等人，等这些条件都成熟了，机会可能就已经错过了。

在我刚参加第一份工作的时候，上司对我说：“喜欢思考的人，往往有一个严重的问题——行动力差，光任劳任怨不够，关键是要有效率，尤其是，不要完美主义。”

完美主义者们努力想把90分提高到100分，并为这个目标无法实现而痛苦；同时，却从未想过要腾出一部分精力来把另一处的30分提高到60分，尽管这要容易得多。在“边际成本上升、边际收益递减”规律的作用下，偏执于一端的综合收益及性价比是很低的，不划算。这，便是我当时做事没有效率的原因。

也不知道中间用过什么“灵丹妙药”，反正，我现在是不再那么完美主义了。但在有的事情上，比如搭讪的问题上，还是无可救药的完美主义者。

我完全不会跟人搭讪，不仅不会跟女人搭讪，而且也同样不会跟男人搭讪。我甚至很擅长在自己并不熟悉的话题上跟人进行深度对话（只要临时稍作研究就行了），尤其擅长跟人谈心（包括不熟悉的人），但像搭讪这种浅交流的事情，对我来说，简直比登天还难。结果是，在社交场合，我常常像个傻子似的一脸茫然。当然，我也清楚，我并非不会说话，只是太过于完美主义，我觉得，大多数人的搭讪方式都太老套无趣了，不希望自己也显得那么平庸乏味。我一方面指望自己的每一次搭讪都是富有创造性的，假如搞不出新花样，我就宁可不搭讪；但另一方面，我又不具备无穷的创造力。于是乎，就“注孤生”啦。之前，有好几个朋友要介绍姑娘给我这单身狗，但苦于不会搭讪，我要么是没接受，要么是虽然加了对方微信，但没说过几句话。

完美主义，其实是对自己吹毛求疵，跟自己过不去，是意识到了自己的平凡，却不肯承认和接纳自己的不平凡，硬是要不自量力地超越自己。但是，我们却只是把这种超越停留在理论上、停留在幻觉中，而不是落实到行动上——思考得太多，容易让人瞻前顾后，继而行动力变差。这既是完美主义会导致拖延症的一个原因，也是很多思想者实践能力差的原因——其实，不是实践能力差，而是迟迟不实践。

完美主义倾向，还让人对失败充满恐惧，万一做不好怎么办？进而，为了避免失败，便不作为，并且浪费在编制计划和焦虑上的时间，要比花在实际行动上的时间多得多。而迟迟不肯行动，又必然会导致实际成绩比较糟糕，这样一来，自信心便可能被击溃，甚至是走向恶性循环。

因此，要从完美主义的困局中解脱出来，首先就要跟自己和解，接纳自己的不完美，宽以待己，要有输得起的心态。在不重要的事情上，应当得过且过、“60分万岁”。在重要的事情上，可以追求过程的完美，但不要苛求结果的完美（那不是我们自己所能左右的）。“尽吾志也而不能志者，可以无悔矣。”若能这样想，做起事来，便没有心理包袱了，包袱少了，自然能够“三下五除二”。

完美主义者行动力差的一个心理基础是，如果因为迟迟不做而没有成绩，我们可以安慰自己说：“失败，并非能力不够，我如果做的话，就会成功。”实际上，在这种情况下导致任务没有进展的人往往都是心里没底，而且还可能是事先也知道自己即使努力了也不会成功。与其积极地做了然后得到失败的结果而受挫，还不如一开始就干脆不做呢。

这说明了什么呢？如果一事无成的原因是能力不足，那这种失败便是可耻的，而且，只要失败是唯一的结果，那铁定是做得越多便越可耻；相反，如果失败是由不作为造成的，那这种失败就并不可耻。

故而，树立正确的荣辱观，对我们告别完美主义拖延症至关重要。看了这篇文章之后，我们就应该有“行动了，但因为能力不足而失败了，这并不可耻”“不作为引起的一事无成才最可耻”的意识，鞭策自己行动起来。

如果你还不是思想家、艺术家，或者不具备思想家或艺术家气质，那就不要把思考当成实践，把思考当成自己的事业。或许，你虽然也是个艺术家、思想家，但在那些非思想、非艺术的工作上，就不要过分沉迷于思考了。

在你不行动、光思考的时候，有些东西，终究会被漏掉，而行动，可以发现问题，带动你更好地思考，进而把事情做得更好。因此，把我们所做的事情带向完美的，是行动，而不是凭空思考。行动起来吧！

认真生活的人
最值得被爱

每个优秀的人，都有一段沉默的时光。那一段时光，是付出了很多努力，忍受孤独和寂寞，不抱怨不诉苦，日后说起时，连自己都能被感动的日子。

每次回家，都会翻看以前的日记，这次是2007~2008年，那个时候，大一。

今天看到一句话“每个优秀的人，都有一段沉默的时光。那一段时光，是付出了很多努力，忍受孤独和寂寞，不抱怨不诉苦，日后说起时，连自己都能被感动的日子”。我感觉自己的生命流淌到现在，有好多这样的时光，初三，高二到保送前，还有整个大一。大一下学期，很努力地在准备专四，很努力地在背新概念课文，很努力地在准备中口。那个时候，没有爱情，没有抱怨，整天踏实地安于自己的生活。

前几天和表哥一起吃饭，30岁的人了，面临各方的压力，没有结婚对象，工作性质不稳定，被迫和别人家的孩子做比较，他急于想证明自己，结果越来越乱，抽烟喝酒，用忙碌来掩盖自己的空虚。我说，哥，你要经营好自己的生活，别人才会想靠近你。

有一年的圣诞节，我许下的愿望是“爱我的人不寂寞，我爱的人也爱我”，现在那个黄色的小信封还在某个日记本中安然地躺着。中间的几年，也追求过，也拒绝过，渐渐发现，不需妄自菲薄，不要汲汲戚戚，不倾倒，不卑微，不依赖，不嫉妒，只需这样，就会遇到命定的那个人，即使没有遇到，也对得起自己，至少我在认真地生活。

自信了，才能安宁。以前，总觉得自己不够漂亮，身材不够好，在美女面前总是自卑。后来，渐渐看淡了，改变不了的，时间也留不住的，何必强求，腹有诗书气自华。有次做一个学校patriotic assembly的翻译，在场500多个美国小孩，80多个中国小孩，还有各种领导，家长和老师，译得不算perfect，但也算是落落大方游刃有余。下会之后，everyone came to me and said “you are so brilliant”。有一个小女孩从我旁边经过，对我轻轻的说了句，you’re pretty. 我笑着说thank you，觉得能被孩子这样赞扬，生活其实也挺美好的。那个女孩子的这句话，至少比我听到的很多赞美都真诚。

高中时一个朋友说，考试前的惴惴不安都源于对考试结果的惧怕，不去想结果，只要努力，就是最好的结果了。从那之后，每次考前或者重要事件前的pray，我都只祈求上帝给我自己应得的结果，我的努力值多少，就给我多少。对于英语，我是一种匀速前进的方式。现在越来越忙，也越来越静不下来大规模地自习了，但是我很庆幸有些很好的习惯一直伴随至今，每天背几分钟单词，每天看一篇yahoo news，每周听一个TED演讲，定期的口译练习，广泛的阅读，不明白的名词必定记下来回来百度，所以遇到什么考试或者问题，想想自己是这样走过来的，就没什么可怕的了。别人在努力复习考试的时候我并没有多努力，但是别人在玩的时候，我并没有很空虚。

只有内心足够强大，才能看得清，才能选得好。我觉得自己很幸运，在机会降临的时候正好接住了。但也因为很多东西得到的太简单，总有种不安全的感觉。阿mang说，因为我们都是取了shortcut的人，所以才有这种感觉。但是他随时都做好了回去做苦逼小程序员整天写代码的生活，同样，我也随时做好了去做50元每千字的笔译或者去个不知名的教育机构讲新概念的准备。

年轻的时候曾因为失恋不吃不睡，现在却像个怕死的老人一样小心翼翼地生活。认真地吃早饭，每天尽量吃10种以上水果和蔬菜，定时吃粗粮和动物肝脏，不睡懒觉，不生气，饭后百步走，半年做体检。林妹妹固然惹人怜爱，但我可不想因为被人伤了心就撒手人寰。只有好好地活着，那个人才会知道自己曾经错过了什么，失去了什么。

如果我们是在彼此最闪光的时候相遇，是好的，因为我们知道自己爱了一个值得爱的人，他（她）有能力经营好自己的生活；如果我们是在彼此最狼狈的时候相遇，也是好的，因为我们知道自己爱了一个坚强的人，即使遇挫，也可以相濡以沫。我只是希望在上帝安排给我的一切美好与挫折接踵而至的时候，我始终能足够宁静地来接受这一切。唯有安宁，才能认真的生活，唯有认真生活的女子，才会有人爱，才会有神爱。

坚持美丽，无论你的外表还是心灵

一个法国人和他夫人开玩笑：希望你到80岁还有人追，不是82的老头追你，而是28岁的帅哥。

听起来这是一句戏言，但在法国却是很正常的事。38岁的法国帅哥经济部长马克隆娶了比自己大20岁的女人，结婚前女方已是三个孩子的妈妈。

在中国，这种事情可以说不太可能发生。

我们总是认为，女人到了一定年龄，就会自然而然地认为，变成一个穿大码衣服、在菜市场讨价还价、和邻居家长里短的“中国大妈”是件理所应当的事。比肌肤衰老更可怕的是心灵的衰老。

而在法国街头，即使是一个80岁的老太太，还可以脚踩细高跟，涂上鲜艳的大红唇。这就是为什么法国男人认为四五十岁的女人最美丽的原因。只有到了这个年龄段，才会积累足够的人生经历、经济基础，从里而外散发出成熟的魅力。

时光，对法国女人是一种馈赠。而岁月，对中国女人却是一把杀猪刀。

同样是女人，“法国女神”和“中国大妈”之间相差的到底是什么？

（1）一条小黑裙，和永远穿着小黑裙的追求。

法国女人认为时尚是一种态度，不管多少岁，穿得得体、适当装扮是对自己和他人的尊重。同时，保持优雅的身形也是良好气质必修课。一个女人放弃自己的开始就是允许自己的身材变得臃肿。外表的塑造和心灵的修炼同样重要。

（2）一颗永远善待自己的胶原蛋白心。

留一些时间给自己，享受每一刻时光。早起20分钟练瑜伽，也可以按时送孩子上学；下午享受一个下午茶，工作可能效率更高；和闺密约会，也可以为家人做一顿美味的家常菜。活得有趣，岁月自然而然成了你的胶原蛋白。

（3）一种坚持美丽的态度。

美丽，是一场长跑。它不属于某个年龄阶段，而是整个人生。20岁活青春，30岁活韵味，40岁活智慧，50岁活坦然，60岁活轻松，70、80岁就成无价之宝。即使老，也要优雅地老去。

时光，对每一个女人都是公平的。

短短101年，你可能变成“中国大妈”，也可以成为“法国女神”。

现在的你，是不是也想回到10年前，对曾经那个肆意挥霍青春容貌的自己说——奔跑吧妹子，活得漂亮才是对岁月最大的报复！

给生活一个态度，生活还你一份惊喜

当下，就是眼前的每一天。常常听别人把“过好当下”挂在嘴边上，每一天的日子却依旧过成了混乱。过得好当下的人，是不需要忧虑未来的。

有段时间他换了份新工作，职位升了薪水涨了，也变得忙碌起来。上班路程远，本就需要每天很早起床，下班却又不能准时，北京的路况让他经常晚十点后才进门，于是早餐和晚餐也渐渐被忽略了。上司用大量工作时间做非工作的事，又挤占非工作的时间讲工作，一到下班的点就张罗开会，周末也要用微信群安排各种事，美其名曰“格局要大”，其实就是“将帅无能累死三军”，管理上的混乱让他也有些疲惫。

看在职业前景和薪水的分上，我忍了一段时间，直到某天晚上，十一点了我想跟他商量点事情，他还在拿着手机在群里发每天都要写的总结时，我忽然就失去了所有的兴致。工作挤占了一天24小时里的17个小时，吃饭成了凑合，睡眠也严重不足，我们也再没有一起享受美食、看电影、喝咖啡和散步的时候，连聊天都变成短、平、快。两个月下来，原本的生活习惯完全被打乱，我觉得这样的日子不能再这样继续了。

我说：“要么你换工作，要么我换人了。”

他回答：“哦，有那么严重吗？”

我郑重地点了点头：“如果每一天都忙碌到吃不好饭和睡不好觉，做的工作没有实际突破，也不能让自己提升，心情压抑不快乐，连爱都顾不上给我，这样的生活根本不值得一过。”

闺密群里今天的话题是“斗志”，而且是说各自最近都“丧失了斗志”，我们相识多年这“景象”可不常见。我回复说：“我天天都在丧失斗志和重拾斗志之间挣扎好么！”

单身说：“你们都是有男人，我可一直都是独自支撑的！”

已婚的说：“像我们这种独立的女人，有个男人也不能全是依靠啊！”

自从我把爱好写成了工作之后，压力也陡然增大了很多，从情感文字到长篇小说，再到微信自媒体的更新，我常常要在完全不同的题材间跳跃写作，有时候写故事会写到有些恍惚，梦里都是小说中的人物。我之前是个注重生活质量的人，属于自己的、家庭的、孩子的和工作的时间我都有规划，并且严格遵守执行，可手边要做的工作也一度严重打乱了生活节奏，让我没有了闲适的时间。于是我也会丧失斗志，特别是在努力坚持了很久之后，却有更久的时间没有听到什么好消息的时候。

当工作打乱了个人的生活，甚至影响到情感关系或是婚姻质量的时候，我们就要停下进入调整期。这里说的停下了不是什么都不做，而是把原来的好习惯再坚持起来，每一天都要吃好睡好，让身体得到休息，享受并且经营相伴的朝朝暮暮，让情感得到满足。我们心灵才会又慢慢鲜活和宽容起来，也就有了动力去做好我们手边安身立命的工作，去呵护需要我们爱的人。

偶尔我还会面对电脑生生一个字都打不出来，可我知道自己不能停，既然是工作就有了责任，我除了要保证数量还要保证质量，工作如果只是赚钱途径，没有点意义会变得更辛苦啊。即便现在很辛苦地赚钱，也是有乐趣的，如果我们能把这份乐趣分散到烦琐的事物中，至少我愿意永不懈怠，因为世界真得好大，我担心钱不够我就走不远，我担心失去了生活的勇气，我还担心身体不好一切都是白扯。

不要忽略早餐，我们的每一个当下都是从这顿早餐开始，饭不会做，也不会吃，整日在垃圾食品里暴饮暴食，简直就是一种罪过。每天早起一小时准备早餐，注重营养搭配。一人食也是一种生活的情趣，家人一起分享更是生活的希望所在。每个月去咖啡馆或是西餐厅吃一两次早餐，或许也是极简单的食物，哪怕只是两片吐司配火腿煎蛋，我们坐在绿荫下抬眼望一望天，也能感受到一样的日子里不一样的生活态度。

不要忽略睡眠，我们能微笑着迎接第二天的太阳都是从一个好觉开始，刷夜去玩，深夜为别人掉眼泪，或是熬夜拼工作，简直就是在暴殄生命。我当然能理解很多人都在面对生存压力、欲望诱惑、情感纠结，或是总担心自己努力不够会与成功失之交臂，影响睡眠好像也就成了常态，没有人在乎也就没有人去强迫自己调整。再看看房间里的床，乱糟糟或是脏兮兮，大床上躺着同床异梦，小床上睡着不安分，没有温暖伴眠也就算了，还有焦虑和眼泪相随，醒来时你的脸和生活都会变得更糟糕。

不要忽略家人，这也是努力的方向，我们终其一生都要拼到的幸福。尽心工作努力赚钱是为了什么？大概很多人都能说出很多理由，但根本却在于我们终于有能力照顾好自己和家人了，现实社会里这不是一句空话，而是需要很多付出才能获得的美满。人活着的其中一部分价值就在于被身边人需要，没有钱的时候忙到了没时间说爱，有钱的时候又没有了爱的能力，看上去再光鲜仍然是个不折不扣的失败者。

你的生活你做主，但是有了态度就是有了方向，我们的每一个当下都可以过得活色生香，就不需要去忧虑未来了。其实我们各自想过的生活也不过如此了吧，一个人也要好好吃饭、睡觉照顾好自己，有人就有了家，两个人相伴家里的烟火气息就是凉薄世间最坚强的支撑，有爱就有了温暖。

你明明当下就可以拥有属于自己的生活，却总是放在嘴上去期盼未来可以掉一个馅饼，于是当下全成了一种凑合和混乱。你把性格交给星座，把爱情交给缘分，把努力交给鸡汤，把运气交给鲤鱼，听了好多的道理，却依然过不好这一生。

就算发生了天大的事情，只要生命完好无损我们就应该感恩，原则上也都会具备重新再来的可能。只是，人生有无数种可能，选择和坚持决定了我们有没有扭转境遇的能力。没有好多好多的爱，也没有好多好多的钱，可我们还拥有健康，这也是一件值得庆贺的事情了。

今夜或许还有些伤感让你无从入眠，但还是要在该睡觉的时间躺进舒适的床，吃一颗安定也要让自己好好睡一觉，卧室里的绿植繁花可以让你在梦里遇见天堂。明天或许还有些麻烦没有解决，但还是要吃一顿丰盛的早餐，家里的是爱，咖啡馆里的是情趣，然后和心爱的人挥一挥手，再次信心满满该干吗还干吗去。

你还要记得下班早点回家哦，卸下所有的疲惫，洗净铅华做汤羹，暖好了胃心就不会那么彷徨，然后一个人上床看一本好书，或是两个人窝在沙发上赏一部电影。这是生活，也叫幸福。

如果你也曾经混乱，那就从这一刻起，给生活一个态度，给自己一个交代，这是每一个精彩当下的开始，和过去不说再见。

自控力 让人生更精彩

你有拖延症吗？

早上你定了一个六点的闹钟，可是闹钟响起时你满脑子都是还没做完的美梦，加上重重叠叠的困意一阵阵袭来，你伸手按掉闹钟，想着我再睡10分钟，就10分钟。

但你一不小心就多睡了一个小时，醒来的时候已经是七点了。你想立刻坐起来洗脸、刷牙、吃早饭，然后看书。

可是被窝太温暖，手机太好玩，一不小心你就赖到了九点。

九点以后你慢慢穿衣下床，嘴里叼着一块面包，边吃早饭边刷微博，然后看看表：我再刷5分钟微博，就去看书。

可是你一不小心就多刷了一个小时微博，等到书摊在你面前的时候，你又想着马上都该吃午饭了，还是等吃完了再学吧，反正有一个下午的时间呢。

可最后啊，你又是一个不小心加一个不小心，一直到晚上十一点了，你睡在床上，想着今天一天到底做了些什么呢？

除了玩手机，你什么都没做。

你开始懊悔，甚至是恼恨：明知道自己应该去学习了，可是就是控制不了体内的洪荒之力，想玩手机、看电视，每次口口声声说着“再玩10分钟，就10分钟”，可到最后一荒废就是一整天。

莎士比亚说得好：我荒废了时间，时间便把我荒废了。

从你拖延症开始的那天起，似乎就注定了你的失败——忙着考试的人们每天按部就班地学习，你却一拖再拖，最后要考试了才发现自己什么都没学。

忙着年终评比的人们每天按着年末的目标执着努力着，你却一缓再缓，等到年底时发现自己业绩平平，根本没有丝毫竞争力。

于是你便开始自暴自弃：算了吧，反正都这样了，努力也没用了。

以上我所说的，是你的一天吗？或者说，是你的一生吗？

调查显示，大约75%的大学生认为自己有时拖延，50%认为自己一直喜欢拖延。

什么是拖延症？

拖延症，是指自我调节失败，在能够预料后果有害的情况下，仍然把计划要做的事情往后推迟的一种行为。

什么意思呢，就是你明知道做这件事情不好，但是你还是去做了。我曾经在微博上看过一句话：我知道努力不一定成功，但是不努力真的好舒服。大概就是这样，明知道不努力不好，但是还是忍不住。

人生啊，总是有很多次忍不住。忍不住多看了会电视，忍不住多玩了会手机，忍不住多跟某人聊了两句，忍不住就拖延了一会儿。

可单单是忍不住就算了，毕竟发誓要好好学习的人是你，拖到最后一事无成的人也是你。

问题是很多人并不能承担自己的拖延带来的后果，于是会出现各种消极的身心影响，很多人会自责，内疚，对自己有着强烈的负罪感，严重的会开始不断地自我否定、贬低，甚至会发展成焦虑症、抑郁症等心理疾病。

有许多人在做事之前喜欢给自己制订计划，这是个好习惯，制订计划可以让我们更好地知道自己需要做什么，需要多久。

但大部分人之所以没成功，并非是他们没有定计划，而是在完成的过程中不断打折扣，比如计划一小时完成的事情拖成了两小时三小时，于是之后的计划也会因为拖延被打乱，引发蝴蝶效应导致整个计划全盘紊乱，不得善终。

那么，如何对抗拖延症呢？虽然我在这方面做得依旧不够好，但是以我多年的经验加上稍有改善的好势头，我为各位提供一下几点建议。

第一，与其懊恼刚刚没有把握住，不如从眼下这一刻开始努力。

有句话说得好，觉得为时已晚的时候恰恰就是最早的时候。

过去我最常做的一件事情就是在晚上入睡前回想着白天一天做了些什么，但往往结果就是——我又荒废了一天。

于是我就会怪我自己，为什么总是这样，感情最后升华成为“我觉得自己是个烂人”。发觉自己本性后便开始翻来覆去睡不着，等到凌晨才入睡，第二天又早起不了，一天的计划再次毁于一旦。

长此以往的恶性循环，这不是件大事，却总是细细碎碎折磨着自己，无法自拔。

可是某天我突然像被菩萨敲了天灵盖一样，想道：与其一直埋怨自己，为什么不从此刻便开始好好把握呢？

比如今天上午一直到十点半的时间都被我荒废了，现在十一点准备去吃饭，那为什么我不能利用最后的半小时背两个单词，看一篇文章呢？

很多人不重视零碎的时间，却忘了每天你拥有最多的，最容易改变你的，就是零碎时间。

利用55分钟背背书，可能整个人就会变得自信一些，能告诉自己我没有浪费这5分钟。

而一天中这样的5分钟实在是太多了，如果能够抓紧这些零散时间，收获暂且不说，最起码你会给自己增长点自信，更加有利于你对抗拖延症。

第二，原谅自己，不要总在过去的事情上纠结。

亡羊补牢的故事几乎妇孺皆知，却很少有人真的贯彻落实过，人生中更多的似乎都是些破罐子破摔的体验。

毒鸡汤往往比鸡汤更有道理，你不努力，就不知道事情到底会坏成什么样子。

可是你不努力，事情就一定会是坏的。醉生梦死的人真的很舒服吗？我不知道，反正对我而言，我更喜欢充实奋斗的日子，睡得不够头会痛，睡得太多了头也会痛。“君子之中庸也，君子而时中。”

你可以总是回顾过去，但你千万不能待在过去里面出不来。不要沉浸在往日的伤怀之事中，也不要贪睡于旧时的功勋喜悦。

不念过去，不畏将来，才是长久之道。

第三，锻炼自己的自控力。

早期我读过一本叫《自控力》的书，大体内容是说人的自制力并非天生，只要心之所向，后天也是可以养成的。大脑里面的主要成分是灰质，管辖自控力的区域灰质越多，你的自控力就越强。

那么，如何才能使那一块的灰质增加？科学研究表明，灰质是可以流动的。

当你刻意锻炼开发某一区域时，灰质便会集中涌向那个地方。

所以在日常生活中，你可以通过冥想、记录、总结、练习等方法来锻炼增强自己的自控力，每成功一次，那一块的灰质就会慢慢增多。

比如你需要戒烟，就可以将烟放在家里的各个地方，起到刻意提醒自己不要抽烟的效果，这样时间久了，你就可以控制自己对烟草的欲望，你的烟瘾就没那么大了。

同理，要想干掉拖延症，就要先从小事情做起，比如今天要洗袜子，你却总想着从早拖到晚，从今天拖到明天。

不如先打起精神，强迫自己立刻就完成它，说到底洗袜子也只是件小事情，完成起来并不是很难。

但如果这样的小事情做多了，就能达到锻炼的效果，自控力上去了，干掉拖延症就容易得多了。

第四，做自己喜欢的事情。

假如男神约你一起散步，你会迟到吗？

假如早晨的尿意逼迫着你，你还会赖床吗？假如有人告诉你，每天四点钟起床就能得到1万元，你还会有困意吗？

当一个人面对自己喜欢的事情时，哪里会有什么拖延症？

说到底，也就是你拖延的事情根本没有触及你的G点。当我们面对一件事情，表现出极强烈的欲望与获取心时，你的表现就会出人意料地让人满意。

有句话说，热爱足够抵抗全世界。当你真真实实热爱着一件事情的时候，让你做什么你都甘之如饴。

《大国工匠》里面的许多行家冷板凳一坐就是数十年，试想若是没有热爱，数十年的光阴就都会变成煎熬，但若带着一颗赤诚之心去做，10年也只是弹指一挥间。

你有拖延症吗？如果有，希望读完这篇文章后的你，不会再深夜辗转，为自己又浪费美好一天而感到懊悔不已。

只抱怨不改变，你还指望人生有所突破

每天夜班回家时，小区胡同口都可以看见一个卖麻辣烫的。摊主是个小伙子，他自己调的酱味道很特别，隔三岔五会在他那儿吃一碗。小伙子很健谈，每次吃麻辣烫时，他总会和你聊半天。

问他收入高不高。小伙子说，还行啊，不比你们上班差，只是比你们辛苦啊。他说得没错，每天傍晚出摊，现在夜市上卖，等夜市散场了，又转道我们小区门口，每天晚上2点左右收摊。只要天气不是太差，小伙子基本每天都出摊，一个月下来，1万多的收入。

这个麻辣烫的小摊只有他一个人“维护”，白天睡醒了，在家把东西准备准备。老婆主要是看孩子，偶尔打打下手。这么算下来，也没有其他人力成本，小伙子收入确实可以。

一开始我总以为他是“新生代农民工”，在老家种地没意思，才来到城市里摆摊挣钱。有一天他说，他是读过大学的，不过学校不好，只是个专科。毕业后“无爹可拼”，再加上学历不够硬，没工作可干。回到老家更是找不上工作，毕竟在这个城市读了几年书，相对熟悉这个城市的情况，干脆还是在这里落脚了。毕业三年多，摆这个麻辣烫的摊一年半，之前还做过各种杂七杂八的活计，不过挣钱太少。

听他说自己也是大学生的那一瞬间，有一些“震惊”。说“震惊”或许也不完全准确，毕竟现在大学毕业找不上工作的人太多太多，摆个麻辣烫的摊也不稀奇。但我还是挺受触动的，也许是因为小伙子的乐观吧。从没听他抱怨过什么，也没听他感慨过，如果知道自己只能卖麻辣烫，当初何必花那么多钱上大学。

有一天和几个朋友吃饭，大家都在感慨现在的大学生找工作真难。尤其是对家境不好的年轻人来说，花了那么多的钱，耗费了几年时光，到头来出路竟然和同乡没上过大学出去打工的年轻人一个样。但是，又不完全一样。没上大学直接去打工的，他们都“认命”了，毕竟当年成绩不好没考上大学；可是这些上过大学的，怎么能轻易沦为和农民工一样的遭遇呢？无论如何，自己也是“投资”过大学的。

有人呼吁，大学生不是找不上工作，他们可以去当搬砖工啊。我写文章明确反对过这种观点。在当下的中国，大学生就业远不是“找一份工作”那么简单，解决了就业者的“吃饭问题”之后，它还有着更大的附加值。工资高低暂且不说，工作背后的社保、医疗，以及未来孩子的教育问题，不同性质的工作带来的“回馈”简直是天壤之别。举个简单的例子，一个公务员与一个搬运工的未来能是一样的吗？谋得了公务员的岗位，多少可以给自己一个可期许的稳定的未来，而一个搬运工的未来是什么？谁又能给他一张明确的生活路线图呢？毕竟，那些走进大学校门的人都是期许“鲤鱼翻身”的。

明确反对这种观点，那是因为如果过度强调大学生就业的观念误区，过于把板砖都拍在大学生身上，真正的“社会问题”反而被忽视了。处于转型期的中国，户籍和社保是就业不能绕开的问题。这二者限制了劳动者在城乡之间、地区之间自由流动，制造了就业机会上的不平等，正是因为面临择业的大学生深知其中厉害，故而更要拼命地挤入提供城市户籍和完善保障的单位。在这种情况下，毕业生根本无法在城市和基层、热门单位和普通企业单位间进行有效分流。一方面是基层对人才求贤若渴，另一方面北上广等大城市却不得不一而再，再而三地提高“进城”门槛。原因是什么，无非是地区、城乡之间的巨大差距，带来了财富和权利上分配的不平等。

其实，在我反对“大学生当搬砖工”的时候，我也会想起小区门口那个卖麻辣烫的小伙子。理论上你不能去赞同“鼓励大学生去做搬砖工”，但现实中，如果无处可落脚，那必须先找个能吃饭的活。10多年前我毕业那会儿，就业远远没有现在艰难，但老师还是强调“先生存，后生活”。

作为个体，大的“时代病”我们暂时改变不了，可是我们必须先让自己能“好”起来。“有爹可拼”的人可以直接去做公务员，“无爹可拼”的人可能只好先去卖麻辣烫。我们必定心存不满，但这个世界本来就充满着不公平，而很多不公平常常就在眼前闪现。如果一味地去抱怨，而不是试图改变自己所能改变的境况，那只能把自己的生活搞得更糟。

老弟也是一个学历不高的人，但他在北京打拼，生活尚可。刚毕业那会，住过地下室，在城乡结合部租房子，工作换了一个又一个，后来竟然换到了外企。他常说自己“运气”好，可我知道，如果只是抱怨，而不是试图改变自己，想方设法挖掘自己的潜力，好的机会永远都不会到来。老弟在外企中做设计，他的“设计”能力完全是大学毕业后自学的，然后靠着自己的作品进入了这家外企。我相信运气的成分，但我更相信努力和吃苦这二者必备的因素。

一位朋友对我说过，“抱怨是无能力的表现”，这话有些“极端”，但我越来越相信它的“合理性”。遇到过一些“只抱怨不改变”的人，其实只要他们吃一点苦完全可以改变自己并不满意的境遇。

很多的问题，对“大社会”来说是“有解”的，但对于“小个体”来说暂时是“无解”的。在“无解”的境遇中，人总要寻找一些突破口，尽管这个突破口在理论上或许不该成立。就像小区门口那个卖麻辣烫的小伙子，从理论上讲，上完了大学，卖麻辣烫不该是他的归宿。可是在现实中他只能这么“突破”自己。我不知道他有没有未来，但至少他拥有着这个阶段还能说得过去的收入。

有时候总会看一些名人的演讲，我知道那些励志的心灵鸡汤不能完全化作生活教科书。但他们会告诉你一些态度。其实，对待这个世界的态度，和你征服这个世界的技巧，一样重要。我们总应该心怀那么一点希望，相信生活的无限可能性。在一个并不完美的社会里“画地为牢”，毁掉的只能是自己。

待在安逸带，还谈什么潜能

曾经看过一篇文章，大意是作为父母的我们要努力打拼，这样能让我们的孩子按照自己的意愿过一生。

然而我们好像忽略了一个事实，那就是一个人之所以能产生强烈的意愿，不论是强烈地成为谁或者强烈地渴望改变境遇，都往往产生于我们最不愿提及的那个词语，磨难。

我们正变得越来越不堪一击，无法接纳自己曾经的磨难，也不愿孩子重复我们的痛苦，然而成长这件事，谁都无权越俎代庖。

那天上课的时候，我发现教室的后排座位上多了一个新面孔。

课间休息的时候，我走过去与她攀谈了起来，作为一名职业培训师，我养成了一个职业习惯，那就是每次只要出现新的面孔，我都会去了解对方的学习意愿以及过往经历，因为经验告诉我，不同的意愿及不同的经历，对一个人今后的学习效果会产生深远的影响。

在得知这个姑娘还是会计专业的一名大三学生时，我不禁感慨道："现在的孩子真了不得，这么小就有如此强烈的学习意识了，能提前为自己的职业生涯做准备，更是难能可贵了。"接着我问她："你想过自己以后要做什么吗？"

没想到女孩的回答让我大吃一惊，她说她不想上班，最大的愿望就是可以通过考试拿下注会证书，以后把证书挂靠就能躺着赚钱，剩下的时间就可以任性地吃喝玩乐，这就是她向往的理想生活。

我怔住了，从年龄上来说，这位女孩不正是应该处于对未来充满无限憧憬的年纪吗？可从她脸上流露出的老成及莫名的自信来看，我隐约感觉她的家庭条件不一般。

一问才知，她的父亲是某银行的中高层领导，她说从小到大，父亲就提前给她制定好了一个完美的人生方案，包括她上学就读的会计专业，以及现在来培训班上课，完全是由她父亲一手安排的。

“可是就目前的情况来看，一来注会考起来并不轻松，否则这个证书就不会有如此高的含金量了；二来挂靠这种事情存在不少风险，同时市场上的挂靠价格显然远远不够你的开销。”我说。

“没事，我爸说了，我这些年不工作无所谓，他出得起钱养得起我，以后再找个有钱的老公，这一切就全妥了。”她说。

我已经不止一次接触过类似的孩子了。

他们从小养尊处优，生长在优渥的家庭环境中，这种安逸的生活让他们逐渐丧失了思考的能力。

“为自己的人生负责”这种观点在他们的概念中几乎没有，他们知道的就是，既然父母已经给我规划了一个完美的人生，剩下的，就是按照他们的意志去做就好，工作不工作的也无所谓，家里也不差他们赚的那点钱。

于是这些孩子表现出来的，是对学习的严重不上心，换句话说，他们学习不是为了自己学，更多的像是为了给父母一个交代，所以学习动力不足。

而动力不足的后果，就是对知识的把握永远停留在一知半解的层面，由于目前的现状远没有达到迫切需要改变的地步，所以他们的学习效果也是大打折扣。

不论是工作还是学习中，你会发现很多人都有制订计划的习惯，但同样的计划，有些成功有些没成功，关键在于两个字“坚持”。

而“坚持”这件事情更容不得一丝虚情假意，尤其在看不见未来的日子里，你难免会产生懒惰反复等情况，有的时候意志力并非想象的那般坚定，你会常常禁不住诱惑，从而导致很多努力都以无效告终。

有一个观点我很赞同，那就是你之所以无法坚持，根本原因就在于你发自内心想要实现这个目标的欲望或动机不够强烈，不够“致命”。

换句话说，在你没有感受到切实的压力与危机之前，你根本就不清楚自己想要什么样的生活，而这些往往可以通过一样东西获得，那就是“磨难”。

曾经读过一篇文章，里面提及犹太民族，说他们这个种族之所以那么杰出，和他们的历史生存环境有着密切联系，甚至可以用“多灾多难”四个字来形容。

我相信所有人的骨子里都是贪图安逸的，那根懒惰的神经会时不时把你往回拽，让你继续待在舒适圈里，但正如“温水煮青蛙”一样，它会慢慢消磨你的斗志，直到你失去最后一丝反抗的气力。

某一天，教师群里的一位老师分享了一张图片，画面让人震撼。

那是一位妈妈，一手托着一个一周不到的孩子，那个孩子在妈妈的腿上睡着了，另一只手腾出来在专心地登账本，那股坚毅的眼神足以打动每一个看到照片的人，那个眼神里满满都是两个字——渴望。

她渴望改变自己的现状，她渴望学到一技之长能在社会上立足，她渴望自食其力不受他人白眼，这一切的一切都源于生活给她的磨难。

所有的女人还是女孩的时候，都曾有一个粉色的公主梦，恨不能这个世界上所有人都围绕着自己转，恨不能自己一声令下什么也不用做就可以得到想要的一切。

而当我们真正接触到实实在在的柴米油盐的生活，你会知道原来再亲密的爱人也会因为你的不思进取给你白眼甚至冷遇，你更会感受到婚姻这所围城里难以言说的人情冷暖。

眼看着你的双亲逐渐老去再也无法呵护你，你的孩子嗷嗷待哺每天巴巴地望着你，用稚嫩的声音喊出一声“妈妈”——你会瞬间明白生活切切实实的分量，也渐渐学会放下曾经那个任性自私的自己，转而去做好所有该做的事，而不仅仅是出于喜欢。

你明明白白地知道，这个世界没有什么救世主，真正能唤醒你的潜能让你成为不可思议的自己的，恰恰是磨难而不是安逸。磨难使人发奋，安逸使人堕落。

生活的意义，常常在你的眼界之外

朋友去日本学习一年，前天回来，我们给他接风。聊了一晚上，我忽然觉得好像哪里不对——这家伙以前烟不离手，今天居然一根也没吸。

问他，说戒了。

这可真是奇闻。话说以前他重病做手术、他老婆怀孕生孩子这样的重大事件都没让他脱离烟民组织，去趟日本怎么就戒了呢？

朋友一声叹息：实属无奈啊。

原来他在日本，课堂上当然是不能吸烟的，公共场合也大多禁烟，最苦恼的是，和他住一间公寓的是位日本学友，那位同学对烟超级敏感，“鼻子比警犬还灵”，不要说他在公寓里抽烟，就算从外面抽了回来，他也能一下闻出来，然后总要先义正词严规劝，再嘟嘟囔囔抱怨大半天。朋友堪比被戴上紧箍咒的孙悟空，被室友念经念得内心崩溃，想调房间又调不成，只好忍着不抽，一年下来，居然就把烟戒掉了。

这位朋友的老婆表示，戒掉烟是她老公此行最大的收获，她发自肺腑地感谢那位日本室友。

这挺有趣的。

生活有时候像个老顽童，它把你逼到墙角，让你在万般无奈之下痛苦地接受它的旨意，而往往在你艰难完成之后，才发现那居然是件大好事。

我有个二姨，年轻时家离单位很远，每天上班，要步行十几里。这么七八年下来，练就了一副好身板，现在快70岁了，还是身体倍儿棒吃嘛嘛香，几乎从不光顾医院，逛街遛弯儿啥的我妈根本不是对手。现在看来，得感谢那些年的暴走吧？可是想想当年，谁乐意每天走那仨小时啊，又受累又费鞋又耽误工夫的。据我妈说，那时候因为二姨夫不肯买自行车，二姨差点跟他离了婚。当然，这事现在二姨是绝对不承认了。

关于这种从“不得已”变成“大欢喜”的事儿，其实特别多：蒲松龄一辈子考了50多年科举也没成，无奈之下闷在家里写出了《聊斋志异》。李时珍同样是屡试不中，加上体弱多病，只好转而从医，终成了大器。

所以说，在命运面前，人人都是孩子。有太多时候，谁也看不清他老人家的深意。你就算再明察秋毫高瞻远瞩，也很难知道自己正在做的事的真正意义。

你以为自己在为不能吸烟而受苦，其实是在减免五脏六腑日后更大的痛苦。

你以为每天在做无意义的奔忙，其实是在为晚年的健康存干粮。

很多时候，你别无选择，只有华山一条道可走，万不得已闷着头走下去，最后竟走进了无限春光里。

这是人生最妙的地方。

当然，人生也有很多不妙。也有一些时候，你攥着大把选择，种种图景在眼前铺陈开来，你深思熟虑又小心翼翼地选择了最优的一个，最后却发现，是错的。

这妙与不妙里，有天意，也有人迹。那些最后走到大欢喜的人，不论起初是否另有选择，途中通常都会有咬牙切齿的坚持，有深沉艰苦的付出。

人总有痛苦、委屈、迷茫、绝望的时候，当你遭遇这样的人生阶段，不妨试着这样想：命运给你的这些疼，很可能是有大意义的，只是你暂时看不到。就姑且忍下去，咽下去，坚持下去，看看风暴过后会不会有美丽的天空。

生活的意义，常常在你的眼界之外。努力的人有理由相信，所有的苦，都暗含幸福。

你的态度决定你会成为一个什么样的人

一起长大的一位朋友单名一个“霞”字，小时候的我们童言无忌，每次看到她开口就叫“大侠”，看她无可奈何的样子，我们就像获得战利品一样兴奋无比，总觉得看到别人因为我们的捉弄尴尬时就是人生一大快事。

她是个坚强的女孩，历经了很多我们同龄人都无法企及的艰辛与痛苦。看到如今的她过得自由自在，每到一个地方都会在自己的朋友圈分享自己的照片，脸上溢出那么甜美的笑容，我就感到无比温暖。

每次我都想说这样一句话：让坚强的自己活出更好的日子。

之所以说她坚强，倒不是因为她没有在我们的童言无忌中迷失自己，而是相对于她自己历经的那么多事情，我们的童言无忌就算不上什么了。当然，我也很感谢生活，感谢那个坚强的她，没有让自己在生活中失去自我，而是让坚强的自己，活出了现在的模样来。

父亲在她年幼时撒手人寰，留下年轻的母亲及还在襁褓中的弟弟，对那样的家庭来说，顶梁柱倒了，是用简单的“晴天霹雳”无法比拟和描述的。母亲带着她跟弟弟艰难地撑了几年，然后改嫁了。

也是母亲的改嫁，她的生活轨迹开始转变。母亲到外省打拼，她和弟弟与伯母一家生活。那时候我们正上小学，没有那么多的想法呀，知道每天按时上学，回家吃饭写作业，心情不好还可以跟父母闹别扭。

而她不一样，回家还要洗衣做饭，有时候一件简单的小事做不好就会被伯母打骂，更别说在父母怀里撒娇了，因为我们有的，她没有。在我们放学回家的玩伴中几乎没有她的存在，她所要做的事情，远远超出那个年龄能够承受的。

她的伯母跟伯父的关系不好，伯父常年在外，她晚上回家还陪着伯母打理生意，常常要到很晚才睡。白天上课就趴在桌上睡觉，很多人都不解，都说她是个懒虫呀，只有少数人知道她每天都那么辛苦，也只有在教室的时候能睡个安稳觉。

后来她跟我说："有一次我真的忍不住了，给我妈打电话说如果不把我接走的话，我就自杀。"

听她说这句话的时候我震惊了，那么小的年龄竟想到自杀？蝼蚁尚苟且偷生，生活要到何种地步她才会想到轻生呀？我无比愧疚，那个时候的她承受着我们无法承受的苦，做我们无法做到的事，我们却总拿她开玩笑，若她真有什么三长两短，那这辈子又怎能心安呢？

那时候一看到别人的痛处，就想在别人的痛苦之上找乐子，看到别人更痛苦的时候，就越是开心，恨不得让全世界的人都知道一般。现在想想真的忍不住要骂自己就是傻帽儿一个，甚至都没有资格跟这样优秀的人做朋友。而且所谓的童言无忌也都是给自己的无知找理由罢了。

后来她母亲把她接到了外省，其实那里的生活也不容易。一家人挤在一间狭窄的房子里，她也大了，总会有些不方便。后来母亲们搬到别处，她一个人住在原来的房子里，周围住的都是在附近工地干活的五大三粗的男人们。

她说每天晚上都是提心吊胆地听着男人们互相骂爹骂娘入睡，第二天醒来看到外面阳光正好时，就会觉得这个世界好美，然后笑着开始新一天的生活。那时候的她心里对母亲还有怨言，直到有一天晚上母亲跟她说，一个男人在你最无助的时候来到你的身边，给你无微不至的照顾和关怀，也不嫌弃你的过去，而你本身就已经撑不住了，为什么不靠一下呢？

她能够理解母亲那些年的苦，她也知道那些举步维艰的生活。母女俩在房间里抱头痛哭，从那个时候她更加坚强，不再抱怨母亲，而是更加努力学习，直到后来考上大学。这些年来，她都是积极乐观的，在每一位朋友眼中，她是个爱说爱笑的姑娘。

跟她相识的人都有一种感觉，跟她在一起，你总能感到一种温暖。而自己所经历的那些艰难的日子，在她面前都显得微不足道了。

曾经我也一度认为生活有太多的不如意，尤其是升高中那会儿，报考重点高中落榜，原本成绩并不那么优秀的同学都上了理想的学校，我执拗地认为全世界都在与我为敌，把不如意的事情都压在了我的身上。

到了一所我从未想过的学校，军训那几天我打电话给我姐说我不想上学了，让她跟我母亲说我要辍学，好在在姐姐的劝说下我冷静下来了。后来我反省自己很久，若是我真的放弃上学，那对父母会造成多大的伤害呀？而我不上学自己又能做什么呢？

上大学之后开始写文章，认识的文友们在高中时就已出书，自己写了一年仍旧无人问津，签了合同的书又因为种种原因不能出版。那段日子情绪很低落，晚上躺在床上我就问自己：一直以来的坚持是不是错了？

我还是告诉自己不要放弃，在最困难的时候如果不坚持，在最迷茫的时候不努力向前，那永远只能停在最初的位置。努力探寻，哪怕最后看不到希望，至少不会让自己绝望和遗憾。

后来稿子有幸被编辑看中，签了合同，等待出版，心里真的很高兴。被人认可的时候才明白，之前经受的质疑和迷茫都是成长的必经之路，也只有经过那些困难和挫折，才知道收获的来之不易，每一次进步都要付出精疲力竭的努力。

有一个周末到书店看书，偶遇作家简平的新书签售会，书名叫《最好的时光》。讲述了他与母亲双双患癌时的经历，母亲不悲伤，他也不难过。母子俩去了韩国、日本、中国香港、台湾等国家和地区，把最坏的日子，过成了最好的时光，最终母亲笑着离开这个世界，他也笑着面对现在的生活。

听到这个故事的时候真的很受触动，很多事情真的没有我们想象得那么可怕，可怕的是害怕困难。面对微小的挫折就一蹶不振，只能说明你历经的困难太少，最终成为生活的弱者。而那些历经艰难过后，让自己越加坚强，在生活面前，就算再多的苦，也要过出更好的日子的人，最终会成为生活的强者。

并不是说要历经多少苦难你的人生才算完美，只是现实总会有太多的不如意，它可能会在你喜悦的时候给你当头棒喝，让你措手不及。每个人都有弱点，也有自己的软肋，但面对苦难和挫折时，都应该以坚强的态度挺过去，妥协可能少一些挣扎的痛苦，但多了委曲求全，可走过去后，或许就会有意外的收获。

最好的日子，就是不逃避生活对我们的种种刁难，不去回避那些挡在前路的坎坷，躲得了眼前的小事，逃不过一世的艰难。而所谓的坚强，需要在一次次战胜困难中炼就而成，因为强者不是与生俱来的，我们是人，本身就很脆弱。

生活和你的态度会让你选择做一个什么样的人，我们不得不承认这个世界有它的美好，也有它的阴霾，只有知道现实是什么模样，自己又是什么样子，才会懂得要如何去改变自己，去适应这个世界，让在风云变幻的环境之中立于不败之地，不至于手足无措，而所有的当头棒喝，只要我们处变不惊，也就无关痛痒了。

第四章

找对属于你的人生跑道

你一定要努力，但要有正确的方向

其实，我和所有的普通人一样，也都经历着人生的起落、迷茫、失望、努力……

作为凡夫俗子的我们，谁都无法躲避，无法逃脱，无法隐藏。

但是，可喜的是，我们作为灵长类动物的，可以想办法规避所有的不愉快，迷失，甚至失落。

一切问题都有解决方法，只要我们认识清楚、想明白。

没有谁可以挡住一颗追求进步的心，因为我们知道：有志者，事竟成。

尝试去了解你自己：

我们之所以有迷茫的感觉，是因为我们不了解我们是谁，不知道方向在哪里，更不知道又将去向何方。

深入了解自己包括很多，例如：

你的优势、特长、能力表现有哪些？

你的拿手好戏、得心应手的事情又是什么？

你最想成就什么事业，又想成为什么样的人？

你最大的人生愿望是什么，准备怎么实现？

你受过的最大的人生挫折是什么，你又是怎么跨过这个坎的？

你的经历当中什么事情是你最为感动的？

哪些事情别人对你做了，你很伤心，但却无能为力？

……

如何发现自身的优势，提供7点建。

（1）什么事情你最愿意为之付出，且毫无怨言。

你任劳任怨的事情，就是你的优势之一。

你的所有优势只要发挥到极致，成为别人无法替代的，便可以取得霸主的位置。80/20原则（即二八定律、帕累托法则（定律）也叫巴莱特定律、最省力的法则、不平衡原则等，被广泛应用于社会学及企业管理学等），我相信大家都听说过。

比如，快递运输行业在民营行业正式驻足之前，一直是中国邮政最大，但民营企业进入以后，顺丰快递便迅速崛起，占据了半壁江山。

那么，针对快递运输业务而言，四通一达和顺丰就是这个例子了。

这就是二八原则的定律。

再比如：以凉茶出名的加多宝，在整个凉茶行业占据着不可动摇的地位，尽管某个品牌仍旧在和他抢品牌，但，他的优势已无可替代。

……

回到刚才，对于人而言，人类的优势是相对的，只要你能够了解自己的优势，你就可以将它发挥到极致，深挖！深深地挖！！

如果你善于记忆，你就尝试记忆人类最不愿意挑战的东西，那么你就赢了，至少在这个领域，你是有一定的优势的。

科学研究表明，人类已经被发现的优势有400多种，你用心了，就明白了自己的优势。

再者，你愿意为此付出自己的辛勤努力，那就说明你的优势已经逐渐明显了。

（2）让你有坚强的毅力，并促使你不断前进。

你能够为了一件事坚持不懈。

假设你喜欢写作，并为之付出了不断的努力，坚持了比别人更长的时间，那么你的第二个优势就出现了。

冯仑有句话是这样说的：“伟大都是熬出来的”，说的正是这个意思。

我们身边也不乏有这样的例子：

李宁原是一位普通的体操运动员。但他始终坚持着每天训练10多个小时，每次训练一定要突破一个动作难度，不然决不让自己轻易地离开训练场馆。

他终于成功了，在洛杉矶奥运会上，一人独得3枚金牌。

北宋著名的思想家、政治家、军事家、文学家——范仲淹。

他从小丧父。

尽管这样，他仍旧艰苦读书，不放过任何一个学习的机会，最终成为中国有名的文学家。

如果有任何一件事，你愿意为之长时间坚持，并不懈努力，不畏惧任何阻力，从不打退堂鼓。

那么，我想说，恭喜你。

你终于战胜了自己，这种优势无可取代。

（3）对任何一件事的疯狂热爱。

我们经常会听人说，兴趣是最好的老师。

你对任何事情的热爱都是你的兴趣点，最终取得重大成就的人都是从一个小小的爱好开始的。

多少熟悉中国古代文学史的人都应该知道我国的南宋诗人陆游。

陆游在小的时候因为喜欢读书，他的桌子上、房间、柜子里、床头上放满了各种书籍。

他喜欢阅读也喜欢写作，这就是他的爱好。

最终，陆游留给我们将近万首诗歌，成为了响当当的文学家。

画家中有一个大家——齐白石老先生，在他90岁生日的时候，因为很晚了送客人，忽然想起自己还有画作没有完成，于是拿起画笔继续作画，终于没有坚持住疲惫的身躯，在家人的劝导下去休息了，次日一早醒来，接着作画，为了身体，家人纷纷劝他休息，他的回答是这样的："昨天客人在，画作没完成，今天继续。"

话音没落，他又去作画了。

对于任何一件事情的痴迷，都是你前进的方向，没有任何人可以挡住你。

如果是这样，那么，恭喜你，这就是你天然的优势所在。

（4）能够发挥你潜力的事情，值得尽全力去做。

能够激发你的潜力的事情，就是你的宝藏。

例如你喜欢文字创作，比如，广告文案。

对于同样一个客户，一个创意人员可能尽力写了一套方案，起了一个比较新颖的名字，也可以打动人。

但是，你愿意为此继续深入挖掘，无论从整体的框架结构，还是构思方案，都愿意花费很长的时间和心血去为此努力，并且能信手拈来、妙趣横生。

这个时候，即便别人能够在某些方面能够超过你，你也已经有了充分的自信和更广阔的天地可以一展身手。

我相信，大发明家爱迪生大家都是知道的。

殊不知，爱迪生在上小学的时候是被老师鄙视过，甚至歧视过的学生，一度不得不放弃自己的学习机会。

可是，他的妈妈并没有放弃他，而是费尽心思找老师帮助开发爱迪生的潜能。才成就了世界著名的发明家，他留给我们的，是两千多种发明。

这些东西，包括现在我们现在仍旧在使用的：电灯、电话……

人类的潜力是无限巨大的，只要你有潜力，尽情开发。

你一定可以，取决于你是否愿意。

（5）你可以发现世界的美好，并善于观察

让你的思维变得发光的事情，就是有价值的。

罗丹曾说过：“生活中，并不是缺少美，而是我们缺少发现美的眼睛。”

一个善于观察的人，是一个善于思考的人，更容易给人带来变化。

我们生活在互联网时代，我们身边有很多不同的机会，你如果能发现这背后隐藏的秘密，一定可以成就一番事业。

微信的创始人张小龙，如果没有一双发现人们沟通的过程中可以通过这样的方式进行简单的操作就可以搞定的话，那么，微信肯定不会有今天这样的节奏，更不可能在中国乃至世界范围内垄断社交圈。

京东这几年的发展十分的迅速。

倘若，刘强东在创业之前，没有敏锐的市场嗅觉和深入的观察能力的话，京东不会是现在这个样子，别说上市，恐怕连生存下去都难。

敏锐的嗅觉和超强的观察能力是一个人天生的财富。

只有发现别人发现不了的东西的人，才有一双美丽的眼睛。

（6）将一件事情发挥到极致。

成功就是简单重复，将别人不愿意做的事情做到极致，同样可以成为赢家。

如果你在烹饪方面有很大的优势的话，那么，就可以尝试着让自己多接触食物、食品或者餐点方面的内容。

并尽可能将它发挥到无可替代。

史蒂夫·乔布斯，在世人的眼里是一个非常偏执的人，这可能和他的经历有关系，但是，毋庸置疑的是，他将苹果的发展带入了一个非常高的境界，影响力横贯全球。

他的偏执也会被人们忘却，因为他的优点太明显了，根本也就无人能及。

钢琴家郎朗。

在上小学的时候，被妈妈逼着苦练钢琴，多次都想放弃，可喜的是，他没有这么做，最终，他走上了国际舞台，为华人争得了无数的荣誉。

其实就是，当你在一件事情上，得到了别人的赞赏或者支持，那么毫无疑问，你的优势已经愈发明显。

剩下的事情，坚持做就是了。

（7）合理规避自己的缺点，成倍地放大优点。

无可匹敌的发挥特长，你占据了优势。

我相信大多数都知道木桶原理。（木桶定律是讲一只水桶能装多少水取决于它最短的那块木板。一只木桶想盛满水，必须每块木板都一样平齐且无破损，如果这只桶的木板中有一块不齐或者某块木板下面有破洞，这只桶就无法盛满水）

你的劣势，决定了你的高度，以及可以有效地发挥你多少优势。

我们每个人都会有自己的优势，无论是写诗、作画、书法等等。

如果你的书画比写诗做得好，那就把更多的时间放在书画上，并极力把它发挥出来，给别人发现你创造机会。

这里这么做的目的并不是说要完全抛弃自己写诗的爱好，更为重要的是，把才能最大化，也才能更好地发挥自己的优势，否则可能会顾此失彼、得不偿失。

我相信，姚明身上肯定有很多个爱好或者优势，但是，相对而言，我们更加可以明确地知道，他打篮球肯定是无可匹敌的，也更是许多人无可取代的。

海尔电器的产品也绝非只有冰箱这一样。不过，它在冰箱上面的优势是很多企业所望尘莫及的。

格力电器也有其他产品在做，我们第一想到的却是格力空调，也与此存在异曲同工的道理。

说白了，就是将自己的优势最大化，合理规避自身缺点。

每一个生命都是蕴含着无法估量的意义和价值，我们生来便是人生的胜利者，所以必须忘却自卑的心理，勇敢向前。

无论是找别人发现自己的优势，还是自己慢慢尝试，都需要在未来的道路上让自己发光发热。

如果你还没有真的发现自己，就尝试做一件有意义的事情，持续做下去，仅仅是认为它有意义就足够了。比如，写字。

你甚至可以像记流水账一样，尝试每天记录当天的自己并和过去的自己死磕、总结。

只有清楚地了解自己的想法，你才会拥有更加美好的未来。

你一定要努力，但要有正确的方向！

与其羡慕别人的光鲜，不如创建更好的自己

一年前，一个朋友对我说：“我很讨厌现在的生活，每天按部就班两点一线，去到同样的地方，吃着一样的事物，复制昨天的生活，还要忍受父母的唠叨……毕业之后我最大的遗憾就是没有出去闯一闯，去看看外面的世界。”在她说话的时候，冒着热气的茶杯躺在手边，水木年华的歌正循环播放，在斜阳浅照的小奶茶店。

一年来，我的一些奔走在北上广的同学，那些生活在经济中心，享有最丰富的机会和职业种类等各种资源的人们。翻看他们的说说或博客，出现最多却是：“累，烦，孤独，想家，落泪……”这样令人心酸的字眼。我们究竟想过一种怎样的生活？

每个年轻人在工作的最初都会遇见一个孤独的时刻。青春将尽，少年们站在人生的十足路口，抬头看是美丽宁静的天空，低头看是泥泞不堪的土地。不管往哪一个方向去行走都有着无限的可能性，但，也同时同危险和不确定性相伴而行。

如果有一辆开往终点的公交车，车上已拥挤不堪，第一种选择是你挤上去，公交车会以最迅速的方式送你去到想去的地方，但你需要去奋力同别人争夺有限的空间，甚至可能与别人发生冲突或遭遇不可预知的其他危险；第二种选择：跑步去目的地，这样做的好处是空气清新风景美好，但要慢得多，并且

要忍受很多的风吹日晒。

你会选择怎样的一种生活？记得在小的时候，不管妈妈在我小熊猫书包里塞了再多的零食，我还是会盯着别的小朋友手中的好吃的流口水——自己的总是比不上别人的。所有漂泊的人生都梦想着平静、童年的小院儿和金黄的油菜花，正如所有看上去安逸的人生都幻想着女儿红、江湖和醉生梦死。

飘在北上广的人们总是念着“此心安处是吾乡”。留在家乡的小城市的人们总是抱怨环境的单一和限制，憧憬着外面的世界。曾经有人说，别人的生活，就如同被他自己P过的照片一样。只是“看上去很美”。我听到后猛烈地点头。我们所向往的另一种人生，其实真的只是“看上去很美”的一种生活，其中滋味，甜苦自知。而无论怎样的生活都是普通人的五味杂陈，所有的光鲜亮丽都是一种经历，不是幸福感。

不管你选择了哪一种生活，都要承担选择的代价，你会得到一些，同时失去一些，这是必然的。那么这仅有一次的生命，我们该怎样去度过？你内心真正渴望的是什么？是追逐成功路上流汗的快乐？是温暖客厅里面一盏橙色的灯？是外面世界的精彩？还是别人的认同？是精神的自由？还是地位和名声？

这些问题，在外面找不到答案的时候，请记得回到自己，去问问自己的心——所有的答案，其实就在那。我们本身具有的资源，已经足够让我们幸福一生，原本无须再向外去探寻。与其羡慕别人的光鲜，哀叹自己的生活，不如将更多的精力用在创建更好的自己。他人口中的价值观，别人眼中的光环，真的只是梦幻泡影而已。生活，究其根本是自己的事情，经营好自己的青春。请不要负了仅有一次的人生。

幸福的终点 始终向每个人开放

上地铁前，我往嘴里塞了一颗枣，感觉自己最近有些气血不足，怕缺氧。下地铁时我真的不知道发生了什么，只是觉得门口挤的人太多了，我一定不能坐过站，不然要迟到了，就拼了命往门口凑，地铁一停，忽然刮来了一阵飓风，等清醒过来，我已经旋转了几个圈，立在了站台边。地铁轰隆隆开走了，而我，吞进了一颗枣核。

看着铁轨并行的地淹没在面前的坑里，咽了一口唾沫把枣核冲进胃里，愣神两秒，拔腿朝公司跑去，结果跑错了出口，又从地面绕过去，边跑边骂自己智障。

[1]

很奇怪，我不认识楼梯，尤其是大望路地铁站新光天地出口的这几层。每次上楼梯的时候都险些踩空，要停顿下来好好琢磨一番到底抬右腿还是左腿，心情好的时候嘲笑自己小脑缺陷是上天给的恩赐，心情不好的时候咒骂修台阶的工程是不是故意误导我们这些残障人士，更多时候没有心情，立马调整姿势朝上跑。

2013年我在新光天地后面的华贸商务楼上班，每天都要经过Prada，下班时被Chanel闪烁的橱窗亮瞎眼，从不停留，只怕赶不上地铁。圣诞节的时候总有情侣在这面墙旁边照相，我嗤之以鼻，心里想他们一定跟我一样，走都不敢走进去。Chanel的橱窗是一颗一颗闪烁的星星，哦，或者钻石，好吧，其实只是灯光而已。有时走过也会停下来抬头看看，星星没有Chanel闪，真的。不知道是不是雾霾的原因，抬头仔细找，也看不到几颗。

[2]

我不是来北京追梦的。如果你只是想用自己的梦想光明正大地赚钱，那梦想将被置于多么可笑的境地。大城市才不是梦的试金石，钞票如果够华丽，遮住的也不止是你的眼睛。

毕业那年我拿着厚厚的简历在西安找工作，运气不佳，两天未果。心一横，买了一张一星期后去北京的车票，我默念着，如果这星期内找到差不多的，就先待着。最后面试的是一家化妆品公司，做宣推，公司很漂亮，独占一层，格子间里飘出隐隐约约香水的味道。HR问了很多问题，让我拿笔写了一篇800字的软文。她考量来考量去，捋捋刘海儿推推眼镜，清清嗓子对我说，“没有工作经验，实习期1300，转正后看你成绩。”她站在我面前，眼镜片挺厚，我侧脸望去能看到一圈一圈的度数痕迹，我动动鼻翼，礼貌地点点头，说回去考虑。

“我靠，1300？能不能把我10块钱的简历还给我！”走出公司门我一路骂骂咧咧，踏上了开往北京的火车。

轰隆轰隆，带着一点不屑和满怀的不安，那时候谁知道这是命运之轴滚动出的节奏感。

[3]

所有的北漂都曾遇到过的几个问题：找工作大海捞针，哪儿哪儿都要人，不知道哪个公司更有钱途；找房子雾里看花，哪儿哪儿都出租，照片和实景比淘宝图片和买家秀差得还远；加班时间长感叹资本剥削，下班时间早却无处可去。

我还好，一开始借住在朋友家里。20楼上好风光，楼下是曾经被大雨淹没过的街道。黄昏时分的夕阳透过落地窗看到过几次，火红火红的晚霞，我和她坐在地板上数猫毛，安慰自己才刚来，总要有个过渡期，死皮赖脸在朋友家里。加班到11点，在公交车站冻得腿抖，只为能将加班报销的那二十元车费收入囊中，第一个月看着手机上的短信提示，2099的入账感叹自己还不如1300去给化妆品写软文，在拥挤的公交车中欣喜自己个子够高抓得住最上面那根扶手，被人潮推搡得东倒西歪时，被咸猪手侵扰不知如何声张时，也想委屈地哭一嘴。

后来跟着中介看了无数间房，大多是合租，一家里能住五六户，男女交杂，安慰自己这不过是low版的爱情公寓，大家也一定和睦相处其乐融融。黑车司机把我的行李放在楼下甩手而去，好不容易搬好家，打扫得干干净净，出去一趟再回来，推门就看到一个惊喜，一小队蟑螂由大队长带领着匆匆四散逃窜。倒吸一口冷气，一面之缘的室友姑娘看到我吓绿的脸，翻了个白眼，“你怕蟑螂啊？夏天才多呢。”我尴尬笑笑。看见蟑螂，我不怕不怕啦。住了三天，就差从16楼跳下去。每个人都有一个死穴，昆虫就是我的死穴。不好意思，没能出现励志大逆转，没能长成一个一脚踩死一只还给它写墓志铭的坚强姑娘，我坐在床上大哭一场，赔了违约金，匆匆逃离。

[4]

一个人又穷困潦倒又孤单寂寞时，容易依赖伴侣。我的男朋友用电动车载着我逃窜在偌大的北京城。他骑车特别狂，在堵车的浩劫里东逃西窜，一开始我怕死，公司给交的住房公积金我还没有取出来花掉，我不能死。后来我不担心了，死是死不了，被电动车摔下来三次，都是他安然无恙而我垂直坠落。

那时候的男朋友是北京人，他不care有多少钱可以花，因为他有房。一个不足40平方米的屋子，但是位于二环里，这有可能变成传家宝的一笔巨款让他对生活的满足感直线升高。而我每天加班，朝十晚不知，斗转星移间，我认识了很多人，他们够努力，欣欣向荣的氛围影响了我，我开始意识到身边的姑娘真的可以背Prada，逐渐对男朋友的不上进怨气爆棚。

一起挨过穷这种感情基础，要么坚不可摧，要么一触即溃。我就想使劲使劲往前跑，可是你已经安于原地踏步，我催你，你纹丝不动，并在朝夕相处中厌恶我贪得无厌的所谓进取心。

2014刚过完年，我就从二环里不足16平方米的房间中被扫地出门。刚从家里回来，在父老乡亲面前吹的一顿牛直接导致了我的身无分文。我提着行李箱走在北京凌晨的街道上，四面都是钢筋水泥的繁华，但没有我的家。

北漂三年，最怕行李箱的万向轮龇着地面时发出的哗啦声。北京的街上太多人拿着行李箱，浓厚的漂泊感夹杂着尘埃飘在空气里，勉强开了个房，我坐在椅子上对着镜子抽烟，没哭，苦思冥想自己怎会落得如此境地，抬头一看，四面都是墙，经济间没有窗。

[5]

我现在住在三环外一点，使劲眺望能看到大裤衩。湿衣服依旧无法被阳光晒干，因为没有阳台。楼上洗衣机溢水从天花板渗下来淹了厨房的微波炉，楼上姑娘的丝袜时常飘到我的窗台。我依旧跟家里人吹牛，说自己过着纸醉金迷的都市生活，其实加班到半夜，焦头烂额接家里人电话时却恨不得假装自己在维也纳度假。

但你看，路这么宽，虽然不止你一个人在走，可幸福的终点始终向每个人开放。别人肩挑重担面带笑颜，而你忧心忡忡，仅仅是因为自己无法被晒干的衣服。

北京特别大，到现在我也不认识哪儿是哪儿。地铁一不留神就坐反。想起那段坐在地铁地上的日子，我就像个撒娇无路的惯犯。现在回头看，却只剩感谢那重重叠叠的四个小时，让我的阅读量有了质的飞跃，你走过的弯路，从来都不是白走的。

周末我坐在家里晒太阳，围着暖气，一口一个往嘴里塞枣，含着枣核冲舍友嚷嚷，一不小心又吞了一个，赶紧喝了一口手边的奶茶。大望路地铁站的人依旧多，不过走着走着，已经认清了出口，不会再轻易错过。

也许故事没有那么多失意，但柳暗花明的香味依旧最袭人。

北京，让我拥抱你，在晴朗的天气。

不让自己变太糟，才能去试着变强大

[1]

不要再读成功学了。

就像那天朋友说的，成功学就是一个中了头奖的人分享当时选号时的心情和领奖时的感受，然而当时选号的时候，多半都是随机的。

[2]

是什么时候开始，我们一边需要心灵安慰，一边又开始厌恶心灵鸡汤。

当你走进书店看见超过十个字的书名时，你会皱起眉头，直接避开，甚至宁愿挑选一两本封面是宁泽涛的时尚杂志而匆匆离开。

你不觉感慨，现在的书坛都怎么了？

大概连“热血”“梦想”这种词，出现在五月天的歌词里都已经很难打动人了。

可能是当下想成功的人太多了，但这些想成功的人往往又都是一群迷茫的人。

［3］

任何一本《××秘籍》或者《职场某规则》都已经没办法成为你的人生指南了。

因为它们一定不会将最关键的内容透露给你。

这个世上不会再有《葵花宝典》这么良心的秘籍了，现在还有哪本成功学会告诉你“欲练此功，必先自宫”这么恶毒的话？

可是，依旧有很多人迷恋成功学，我在朋友圈里看见某个小编，书桌上全是《一天放下成功》《凸法则》《逆向管理》这样的书，简直可怕。

关键就在于，读完这些书之后，年终的总结里，她还是会在朋友圈里吐槽自己，说为什么自己始终是身边最穷的那一个。

突然想起几年前，我在一个编辑朋友家里，他们为了养活手上的小说产品线，不得不出一堆名人自传来填充资金，这些名人自传就是付一笔钱，让某个不知名的作者去网上复制粘贴一堆关于这个名人的故事，然后修修补补之后出版成书，编辑朋友曾告诉我，你根本想不到，这种书的需求量大得惊人。

总是有很多人批判中国人是没有创造力的一国人，虽然这句话过于以偏概全，但我觉得也不乏说出了真相，在绝大多数人不读书的国家里，还有仅存不多的读书人，读的却是一些毫无生命力的复制品，最后也就成了毫无生命力的人。

［4］

成功学当然是可以引导人的。

曾有人说，将心灵鸡汤放在床头，只要懒惰的时候，就读一读别人的励志故事，想一想别人的苦日子，这样就渐渐地熬过去了，但是，说到底，熬到什么时候是个头？你能够熬多久？在别人在苦日子里对照自己的苦日子，可却永远也抵达不了别人成功的那一天。

没有人会将自己成功的原因告诉你，因为他们自己也不知道什么时候会成功。

你看他们多苦啊，可是一转眼就成为了光芒万丈的精神偶像。

他们走的路你能走吗？毕竟这些成功的人，都比你早出生至少十年，前十年和后十年，经济形态都发生了变化，同样的路，还能走吗？

如果真的要读，就读一些和你工作有关的书吧，或者索性把读书当成一种消遣的方式就好。

[5]

可是，多少人，还未强大之前，身体已经不好了？

[6]

我是在年初的时候意识到自己的身体不好了。

当然，不是我一个人，我所知道的，我身边那些拼得不得了的人，身体都不好了。

26的年龄，和别人说身体不好，简直是要让人笑掉大牙，但是上个月我去健身房的时候，教练告诉我，我的颈椎和腰椎都因为长期坐着打字的缘故有了一定程度的变形，而且，长此以往，最后可能会压迫脑神经。

春节之后，好几个朋友去医院拍片，因为长时间在办公室坐着工作，或者打字写作的缘故，基本上颈椎和腰都发生了一定情况的病变。

一个刚刚满30的编剧朋友，已经开始去中医针灸电疗了。

30岁的人，人生才刚开始呢！

我的好朋友在微信圈里卖膏药了，我买了没两天，我一个写东西的朋友说脖子疼得不行，经常引发头晕，我把膏药推荐给了他，但是还是建议他去健身。他说，健身太费时间了，还有那么多工作要做呢。说着将膏药一撕，就贴在了脖子上。

你看，大部分的年轻人，就是把工作看得比身体更重要，比如我自己。

健身的费用并不便宜，一节私教课贵的要500，便宜的要300，一般买要买20节课左右，一下子就可能要上万元的开销，很多人说，不请私教可以自己练的，当然可以，你健身房也可以不去，从网上买点器材，打开keepapp，跟着里面的动作就可以练起来，但是廉价的后果是，没人告诉你正确的用力部位，到最后就是你不仅没有改善你的身体，还可能损伤了你的肌肉群。

[7]

健身贵，但总比去医院好吧。

这是室友和我说的话。

你只要买20节课，掌握了每个器材的使用方法和受力技巧，就自己去练好了，只是一个开始投资多，后来就渐渐不投钱的自我投资方式，贵吗？要是得了严重的疾病，估计一两万是根本治不了的吧。

这句话，比任何鸡汤都有理。

[8]

妹妹从这个月开始晨跑了，一开始也很难，但是渐渐明白，每天窝在家里最大的问题就是肥胖外，还意识到了，身体才是革命的本钱。

几个星期前，一个小我两届的学弟得了肝癌，正躺在床上遭受病魔的侵害，父母到处帮忙筹钱，最少需要20万。

学弟之前的工作我不知道，但据说常常熬夜，作息不规律，五脏六腑都伤了，一开始得知肝硬化，很快就转移成了肝癌。

我的摄影师朋友，突然有一天来告诉我，最近他已经听说有好几个朋友得了重病，叫我一定要注意身体，我说好的，12点前必须睡觉，他说，那就放心了。

我说，真的，比起成功，强大，成为人中之龙这些虚无缥缈的事情而言，有一个健康的身体是最容易达成的目标了。

[9]

人总有不开心的时候。

心中郁结解决不了，身边有人安慰也没用，后来我渐渐发现，如果多流一点汗，其实和多流一点泪是一样的效果。

小时候遇到难事，会选择哭泣，好像眼泪会带走心中所有的悲伤。

长大之后发现，哭泣是最没有办法带走悲伤的途径，越哭越难过，反而不如吃和运动。

前段时间我也遇到了不开心的事情，于是，跑了半个小时的步，汗水浸湿了衣服，然后做了几组机械，回到家的时候，除了觉得累和饿，竟一点也不觉得难过了。

半个月下来，我发现，健身的时候，是最放松的时候。

就像上了一天的语文、数学和英语，终于可以上体育课了。

[10]

要说不想成功的人，都是在撒谎。这是真话。

但是要说成功就要无条件地付出自己的身体。这是假话。

强大的人，是懂得用最少的时间产生最大价值的那群人，你如果不是，应该好好思考一下自己的生活方式。

有些人用量来形成自己产生的经济。

有些人用质来变现自己创造的价值。

都说，这是一个看脸的时代，颜值即是正义，你敢说你不会给外貌美好的人多给一分吗？

不让自己变得太糟，首先是让自己有一个好的精神状貌。

让自己的身体好一点，大概可以让你赚更多的钱。

永远不要丧失了你在生活里的自主权

[1]

在得知我要辞职去伦敦读书后，大部分朋友表示不能理解，甚至有人觉得我疯了，他们的反应是："你竟然不去创业！读书有什么用？""你放着好好的工作不要，为什么要白花那么多钱？"以及"你难道不应该考虑生孩子了吗？"

人们总是寻求一种自认为安全的或者说保险的生活轨迹，以为那就是稳定。

比起过去，我们已经不及父辈稳定，他们大多一辈子只待在同一个单位，朝九晚五，在体制内重复日子。而现在，人们还是觉得稳定是一种万全的生活方式。

到了学校，我发现自己真的不算什么高龄学生，有对英国夫妻，已经40多岁，他们重返校园成为研究生同班同学，他们的孩子在另一所学校读中学。成为同学，让这对惯常的夫妻也找到了恋爱时的甜蜜。

他们说，读书完全是跟年龄无关的事，是一辈子的事，我们随时都可以选择刷新自己。工作谋生固然重要，但不要耗光人所有的精力。

更何况，这世界根本就不存在绝对的稳定生活，难道一成不变不是意味着冒更大的风险，是一种在动态世界中的自我放弃？

感觉舒适证明你在走下坡路，感觉很累证明你在走上坡路。没有什么本领可以不用精进，没有什么饭碗可以端一辈子。主动改变，比被动选择重要，不要被宿命奴役，永远不要丧失在生活里的自主权。

[2]

最近还读到一条新闻，一个名叫吉田穗波的日本妈妈，怀揣着再深造的梦想，用半年的时间完成了从申请入学哈佛、准备考试到录取；同年，带着三个年幼的女儿，与丈夫一起前往波士顿，用两年便取得了学位，在此期间还生下了第四个孩子。在总结这段经历的自传付梓之时，她的第五个孩子也诞生了。

如今这个有五个孩子的妈妈，成为日本国立保健医疗科学院主任研究员，哈佛大学公共卫生学院硕士，名古屋大学博士。如果太早停下来，或者满足于现状，在家庭琐事中等待终年，是无法发现自己有多大潜力的。

我很庆幸现在选择去读书，并不是因为没有选择，也不是为了躲避现实。比起更年轻的时候，我更加清楚我想要的是什么，我自主选择学习的内容，比起大部分为了逃避工作才选择读书的学生，我没有他们对未来不确定的焦虑感。

选择读书，有种回炉重造的感觉，是我更新生命的方式。当然，这个世界上还有很多更新生命的方式，无论什么途径，我们都不应该懦弱，应该让灵魂在路上。

有一种不切实际，叫作总是做相同的事，却期待不同的结果。

[3]

小时候学物理的时候明白一个道理，如果想要获得动能，我们需要动力和反作用力，正如火箭获得反作用力的方式是喷射出气体。

除了内在的驱动，我们也需要失去一些东西，才能获得反作用力带来的动力。如果你想获得一件从未拥有过的东西，就得做一件从未做过的事情。人在改变中，才能更像一个有活力的人。

据说科技已经可以帮人类保存年轻时的干细胞，以备衰老时重塑青春。如果可以，我更希望保留一些年轻时的热情，让自己在沉入水底时，重获打破僵固水面的勇气。在一次性的生命里，实现自我比积累财富重要。

以后也许我会有更多稀奇古怪的想法，靠谱的和不靠谱的，我也愿意尝试更多新的东西，没有想过要做到什么程度，我只是不能对心中的梦想装聋作哑。

沙漠下新雨，树木爆翠绿，没有放弃与更新，就不成其智慧。我们不要时刻刷新微博和朋友圈，比起这些，刷新自我更加重要。我们并不需要生活在别处，不需要流于表面，我们需要时常更新生命。

去为你想过的生活而努力

在我才入行的时候，公司同时招了三个实习生，我，阿米和老朱。小公司，十来个人服务四个项目。我们三人作为助理各参与其中一个不是很重要的项目，我们每天所做的事情，不过是接接电话、传达下工作单、开会时旁听并记录会议纪要而已。我们三人常常在一起抱怨工作的无聊、领导的吹毛求疵、在上海生活的艰辛。我们偶尔也会聊聊理想。是啊，作为独自在上海打拼外地人，如果没有理想支撑，如何能熬过最初的艰难岁月呢！

老朱是我们之间唯一的男孩子，他的理想是，五年之内做到总监。他信誓旦旦地说，你们放心，我一定会做到！那时候，在我们的眼里，总监是多么的高不可攀，不易到达。我和阿米跟他开玩笑说，如果他做到了总监，我们就到他手底下干活儿，这样就不会再受到白眼和欺凌了。

阿米的理想是嫁一个知冷知热、真心对她好的人，前提是他能在内环内首付一套房子。阿米来自四川某山区，在她眼里，能定居在上海，已算是出人头地。

我那时候还不知道自己要什么。唯一能确定的是，我讨厌为一日三餐绞尽脑汁，讨厌住屋子里没有卫生间的昏暗老公房，讨厌买点零食都要算计半天。我认为我的心思应该花在重要的事情上，然而什么是“重要”的事情，我却不知道。阿米和老朱帮我总结：对于你现在来说，最重要的事情就是，需要赚更多的钱，来支撑优渥的生活！我想了想，点点头回答说是。

几个月之后，老朱服务的项目炒掉了我们公司，公司将重要的人员进行了重组分配，将不是很重要的人员如老朱等辞退。老朱走的时候，我们三个人一起吃了饭，老朱说，就算公司不炒他，他也打算走了。因为在这样朝不保夕的小公司，没前途!

老朱的话我听了进去。我仔细“算计”了收入和支出，发现继续待在这家公司，两年内无法改变现有状态，于是在来年的春天辞职，跳到了一家以加班为特色的大公司。阿米还留在原来的那家公司，只是从策划转到了销售岗位。

之后的两年，我经历了一个人单独做七个项目、一周上七天班七天都在加班的状态，我的专业能力和薪水节节攀升，我也过上了住好房子，吃好东西，月薪略有盈余的日子。然而无止尽的加班带来的最严重后果是，我的身体出现了状况，头晕耳鸣并在一段时间内出现了幻听。有一天太过疲倦，我从楼梯上摔了下来，虽然没什么大事，但也在病床上躺了整整一周。我以为我可以休息一下了，哪知我的领导说：项目是你跟的，别人一时也接手不了。你现在摔坏的是腿，不是手，只要还能坐起来，就把笔记本带到医院，坚持做。我自然不肯，还为此委屈地哭过。领导想了想，决定再给我加2000元薪水，让我把工作坚持做下去。为了那2000元，我当时——从了。

从医院出来之后，我又做了半年，这半年，想了很多。想的最多的是，我要的究竟是什么？如果为了这点薪水，就把命搭上去，实在不划算。由此，我第一次仔细地思考了我所从事的行业。这个行业，想要做得好，就只能付出比别人多十倍的努力。我是传统的一个女人，婚前可以以工作为重，但婚后必然会将大部分时间给予家庭。继续从事这个行业，家庭无法兼顾。这不是我想要的，那么，这个行业不是我的唯一。也就是说，我需要给自己更多的选择。

之后辞职，找到一家业内排名中上的公司，凭借着之前的工作经验做了主管，其后又逐步升到了项目经理、部门经理。在这几年的时间里，学了心理学，考了国家二级心理咨询师，并陆续经朋友介绍承接一些业务。空余时间也会写写稿，帮朋友的杂志写几篇专栏、跟新加坡的编剧合作写剧本。可以说几条线同时在发展，时间均匀分配，虽做得不是很好，可也算游刃有余。在这样的努力下，我越发的有底气，不再迷茫，并认为自己在现阶段已经寻找到了我想要的生活——凭着自己的努力，在人生的特定阶段做特定的事情，不盲目求快，不贪多，不紧不慢，一步步许给自己一个未来。

在这几年的时间里，阿米嫁了人，房子在上海、老公在身边、宝宝在肚子里。老朱成了一家公司的总监，带了十几个小弟。再打电话，阿米会跟我抱怨老公工作太辛苦，常常半夜三更回家，让她好不担心。老朱会跟我抱怨现在根本就是88、89、90后们的天下，这群人实在太难管，经常沟通不力。然而除了抱怨之外，我们再也不谈理想，谈的更多的是房子、车子和压力。我从来没问过在这个过程中他们都经历了些什么。我知道，要想得到，必然得付出十倍的努力，他们在这个过程中的艰辛，不会比我少。我想，他们都跟我一样，已经确定，很多时候，理想只是一个方向，无论你有没有理想，你的理想是什么，都不重要。重要的是，你知不知道你想过什么样的生活？你有没有为此而努力？

或许有的人会说，我已经很努力了，但是距想要的结果还太遥远。我只能说要么是你订的目标不对，要么是你努力的姿势不对，要么是你根本不够努力。“我们要多努力，才能看起来毫不费力。”这个过程中的艰辛，只有努力过的人才知道。而只有你爬到了山顶，整座山才会依托你。

在不断的尝试中，迅速成长

“你说，你不爱种花，因为害怕看见花瓣，一片片的凋落。是的，为了避免一切结束，你避免了所有的开始。”看到顾城说的这句话时，她哭了。这些年，为了避免结束，她拒绝了太多的开始。

卸下伪装的面具，面对真实的自己，她不得不承认，骨子里的自己是一个极其自卑的人。她害怕去挑战未知的东西，害怕面对不熟悉的事物，害怕丢掉狭隘的自尊，害怕独自体会失败。所以，很长的时间里，她都像柔弱的小猫一样，蜷缩在自己的世界里，贪图着安逸，维持着那份安全感。

考大学那年，她发挥失常，成绩比平时低了四五十分。这样的结果，她并不甘心，可在面临复读与否的问题时，她坚定地拒绝了复读。她故作轻松地对周围的人说：“没关系，读哪所大学都一样，现在找工作又不是单看毕业院校的名气。”她这么说，旁人也便这么信了。其实，她在背地里哭了好几次，为自己的失败流泪，为自己的懦弱流泪。她实在害怕，怕复读之后，自己再次发挥失常，到那时，那骄傲的自尊该放在哪里？

18岁，她义无反顾地去了不熟悉的远方，读了一个不知名的大学，一个不喜欢的专业。填报志愿的时候，不少人都疑惑：“咦，你那么喜欢英文，为什么不读英语专业？”她说：“英语现在已经是辅助专业了，读不读都无所谓的，学其他专业的同时，也能自学英语。”这样的解释，听起来恰到好处，可谁也不知道，她其实是害怕失败。考语言专业必须得通过口语测试，如果没通过，那么这点儿唯一的尊严都会变得一文不值。

因为害怕失败，她与心中的目的地背道而驰，渐行渐远。

20岁，她再一次选择了逃避。这一次的逃避，给她的心灵留下了难以弥补的遗憾。

她喜欢上了一个男孩，他性格开朗，阳光帅气，有理想、有抱负，从读大一开始就已经给自己未来的人生做规划了。每次跟他相处，她都觉得周身充满了正能量，是他身上散发出的气场感染了她，让她有一种想要变得更好的渴望。

她是那么想跟他在一起，让今后的每一天都变得璀璨耀眼。可是，她不敢说出那句话，她怕！怕自己不够漂亮，配不上高大帅气的他，跟他站在一起时无法够得上“般配”两个字；怕自己家境平平，无法融入他和他那优越的家庭。她想，等自己变得足够优秀时，或许就可以坦白自己的心声了。

《傲慢与偏见》里说：“将感情埋藏得太深有时是件坏事。如果一个女人掩饰了对自己所爱的男子的感情，她也许就失去了得到他的机会。”

有时候错过一时，便错过了一世。爱情这回事，（yispace.net）当时没有抓住，过后就只有后悔，没有谁会一直在原地等你。当她毕业后，有了光鲜体面的工作，觉得自己足够优秀时，他已经漂洋过海，在海的那一端找到了自己的真爱。

呵，她嘲笑自己的懦弱和傻气，他始终都不知道自己的心思，又怎么会想到与自己共度余生？现在的自己，虽已比过去优秀，可输了他，赢了全世界又如何？至如今，自己也不过是他最亲爱的路人。

待年岁一天天渐长，突然有一天，她觉得自己对生活失去了兴趣。在过往的岁月里，错失了太多想得到而不敢去争取的人事，人生的轨迹与理想中的模样大相径庭，留下了太多的懊悔。

因为害怕，所以逃避；因为逃避，所以失去。或许，是违背心愿做了自己不想做的事；或许，是隐藏了深埋在心底的感情错过了最爱的人；或许，是畏惧改变而得过且过放纵了生活……待许久之后回过头看，发现生活已经完全走样，当年出发时的起点，已经与现在不在同一条轨道上，这一切是什么时候转变的，竟然毫无知觉。

其实，你怕什么呢？人生最大一种痛，不是失败，而是没有经历自己想要经历的一切。有些事，尝试了，努力了，就算没有达到预期的结果，也可以坦然地说，我真的尽力了。

吴舒欣在《拥有，其实是另一种失去》里说得好："不要因为害怕失去，而不敢去拥有；否则，你就失去人生。同样的，不要因为拥有什么，而担心它的失去，否则，你就失去了自我。"

想想看，毛毛虫把自己裹在千万丝缕中，从沉睡到初醒，张开眼睛，无尽的黑暗充斥着整个世界。没有明媚的阳光，没有嫩绿的树叶，看不到春华秋实，看不到碧草蓝天。蜕变的痛苦焦灼着它的身体，它试着挣脱黑暗的牢笼，挣脱灵魂的枷锁。它用柔软的头，一次又一次地冲撞厚厚的蚕蛹，一次，两次，百次，千次。在不断的尝试中，它变得强大，最终冲开丝茧，翩跹起舞。

不要因为害怕结束，就拒绝所有的开始，没有人会知道明天要面对的是什么。你想要破茧成蝶，就得勇敢地尝试，每个人都是在尝试中成长的，绝无例外。

开辟属于你自己的人生道路

最近一个很热的话题是因为不甘平庸而显得不合群。在旁人还在熟睡的时你去自习室看专业书；在周围的人浑浑噩噩时你决心考研；在很多人逃课的时你坚持上课听讲；在同事聊八卦偷懒时你忙着加班做项目。

可是这样的你，有时也会觉得有点孤寂，不被世人理解。这样的心情往往容易感同身受，叔本华说过：要么庸俗，要么孤独。

在大学里遇到过很多人，一个人去上课、一个人去图书馆、一个人在楼顶练口语；宿舍其他人整天不上课，睡觉、玩游戏还会讥笑你有病。你也许会动摇，会怀疑自己，但是不甘平庸注定会有点“不食人间烟火”成为另类。

相反如果身边暂时没有志同道合的同伴，就提升自我独自前行遇见更好的人，为理想抛弃身边平庸的人又何妨？

《生命不能承受之轻》中提到：我们全都需要有人注视我们。根据我们生活所追求的不同的目光类型，可以将我们分成四类。

第一类追求那种被无数不知名的人注视的目光，换句话说，就是公众的目光。

第二类是那种离开了众多双熟悉的眼睛注视的目光就活不下去的人。

接下来是第三类，这类人必须活在所爱之人的目光下，他们的情况与第一类人同样危险。一旦所爱的人闭上的眼睛，其生命的殿堂也将陷入黑暗之中。

第四类，也是最少见的一类，他们生活在纯属想像、不在身边的人的目光下。这类人是梦想家。

如果活在世俗的眼光里，会迷失自我，活成别人期望的样子，生命陷入黑暗中。我们往往想成为第四类人，生活中不缺乏追梦人，少的是实干的梦想家。他们有强大的内心，冲过世俗的障碍，坦然接受孤独，不被外界的观点束缚，不花费过多精力去担忧。

在厦门的闹市中安静的隐藏着一家安静的“晨光”旧书店。从各处收集的旧书都有着绵长的回忆和久远的历史。在电子书随处可即，纸质书滞销的今天，这家小店以微弱的力量，延续着精神文化遗产。而店老板放弃外企的机会一直坚守着，背后是非凡的气度和强大的勇气。

看到一个女孩的故事。20岁，独自一人去印度当国际志愿者，去当地NGO教中文和舞蹈。业余组织线下读书会，办自己的旅行主题分享会，24岁，已走完16个国家。在最美的年纪，她独自行走穿梭于日本、欧洲、中国台湾、西藏等国家和地区，一边做着公益事业一边看风景。

在纽约有一位94岁老太太 Iris Apfel，当她以各种各种奇异装束、大胆色彩受到世人追捧的时候，她总是爽朗一笑，淡然表示“我过去的70年就是这个样子的”。94岁的Iris自信依旧，在她身上充满阳光活力。网上一些人对此嗤之以鼻，Iris都不以为然：这辈子最不需要在意的事就是“别人怎么说你”。

总是有很多人在外界嘈杂的声音中，依然能活出自我，坚持自己的立场。

我们的不同之处在于，内心太过浮躁，想得太多做得太少，常常担忧抱怨；而担忧抱怨背后是你不够自信，更是懒惰，懦弱，缺乏决心的借口。你不会意识到，嘲讽与打击能让我们正视自己的优势与不足，更好地脚踏实地，亦是一种宝贵的疼痛财富。

杨熹文在《你应该努力去实现，那个正在被嘲笑的梦想》一文中提到，在一个庸碌的集体中，成为有梦想的异类，是一件十分需要勇气的事。所以你不必害怕，要让自己强大起来，现在的嘲笑讽刺都是因为你还太弱，能遏制恶语中伤的恰是行动，事实胜于雄辩。

当你圆梦的那一刻，证明自己之后，嘲笑的声音自然会退去。反对的声音和异类的标签促使我们成长，更好的进步。诗仙李白不也有“他人笑我太疯癫，我笑他人看不穿”洒脱的真性情，生命中最难能可贵的是活出自我，活得豁达，达到一种忘我的境界。

五月天在《倔强》里唱：“我不怕万人阻挡，只怕自己投降，逆风的方向，更适合飞翔。”前进的道路也许注定是坎坷的，只愿在同样的心境里，你能放下顾虑担忧，将此刻心中的触动化作行动。一个成功者的心态是能正视自己，耐得住寂寞，经得起考验；有足够的信心，即使没有人理解能坚信自己一定会成功，不刻意迎合、不随波逐流。

刘同说过：“太多人输在不像自己，而你胜在不像别人。”有时候“与众不同”，是“另辟蹊径”的创新，更是坚守独一无二的品质。

你要相信，我们终会开辟出一条属于自己的路。

希望你不甘平庸更无惧前行；希望你“坚持到无能为力，拼搏到感动自己”；希望你遭遇质疑讽刺后，仍然有义无反顾、宠辱不惊的气度；希望你不被外界判断影响，只询问内心是否充实，默默前行，沉稳而笃定！

没谁能打扰你的生活，除非你放弃了自主权

[那些扔在废纸篓里的时间]

星期天，你享受着难得的清闲，打算看会儿书，听点音乐。

你拿出新买的碟，正在拆包装，手机铃声响，你看着屏幕上跳跃的名字，根本不想接，可铃声不依不饶，你叹口气，接了。

明明厌烦，接通的一刹那，你却解释：“对不起，我刚才在洗手间。”

电话那头，哭声频传，你头皮发麻，朋友梁需要安慰——她经常需要，这一次不知是工作还是感情出现问题，你做好耳朵发烫的准备。

一个多小时过去了。

直到你听到手机里的嘟嘟声，还有别的电话，才终于摆脱喋喋不休的梁。

新电话是领导打来的，他给你布置新任务，但与工作无关：“我晚上出席一个婚礼，帮我起草一个证婚人致辞。”

你完全可以说，不在家。但想想，觉得不好意思，你点头称是，“没问题”，转身打开电脑。

拆了一半的新碟被你放下。

等你终于拼凑完致辞，你的一个师弟上线。你躲他不及，他已开始发笑脸问候，他说：“师姐，帮我看看稿子吧。”

他几乎一看到你，就要给你发新作，然后提要求，“帮我改改”，“帮我

推荐个地方发表。”

你曾试图封掉他，又唯恐被共同认识的人揭穿，“那多不好意思”，于是你留着他在各种网络聊天工具上，如同留着一个时间恶瘤——这样的恶瘤，他不是唯一一个。

天快黑，你的新碟还没拆开。

因为告别师弟，你突然想起，昨天答应一个同事代买某个品牌的化妆品，你家门口就有间打折店。你冲出门，同事眼里你只要来回花半小时的时间，但你在店里挑选，磨赠品，你买的时候有，现在没了，同事会怎么想？你和营业员说来说去，磨来磨去，你抱着一纸袋化妆品出门时，松了一口气，但你的一天已快过去。

[问题是你不开心]

你接收朋友梁的负面情绪时，对你的心理愉悦毫无建设，你偶一为之，出于友情，但她一而再，再而三，你早该明白你的倾听不能解决她的习惯性哀怨，只会预约她下次的倾诉。她把你当垃圾桶，而你眼睁睁看着时间扔在废纸篓里。

你难以开口说拒绝，因为你怕领导不高兴，怕师弟认为你不热情，同事说你不尽心。但尽心、热情？前提是帮别人忙，你高兴，忙帮得有意义。现在的情况是，你帮的忙十分之九别人找谁都一样，只有十分之一，非你不行。这十分之一值得你两肋插刀，可十分之九呢？只因为你好说话，对方才会找到你，下一次，他们还找你。

你忙忙碌碌一天了，一张碟还没拆开呢。

[不忍心的人对自己最狠心]

如果你早上拆开那张碟，在音乐中享受平静，你再翻开书，把你今天扔在废纸篓里的时间拿出三分之一来，起码能读一万字。

这些不重要，重要的是这样的一天合乎你最初对美好星期日的想象，比你真实所过得有趣。

上周，妈妈告诉你，她很忙。

你觉得奇怪，她退休在家，老年大学正在放暑假，房子不过两三间，家务有限。

但某亲戚的孩子也放了假，“想来我家住一段时间，总不能拒绝吧。”

前领导的孩子要结婚，点名要“阿姨画的画”，妈妈业余时间专攻工笔画，家里满墙都是她的作品，“这也不能拒绝吧。”

前同事家要装修，而妈妈有装修经验，“让我陪着一起去建材市场，这更不能拒绝吧。”

谁都难得张一次嘴，谁都不能拒绝，你知道妈妈想要的是休息，或者“和爸去郊区采摘”，但现在她忙得不可开交，天太热，她有点儿中暑，她宁愿委屈自己，让位于人情。

昨天小周临时爽约，没和你一起健身。她说，她的大学同学突然造访，要接待。

其实那同学和小周关系一般，但“人家来北京出差，主动约我，我拒绝，不合适”。

小周悻悻：“要陪同学吃饭、购物还要玩，这几天就报销了。”你明白，小周更悻悻的是，她的健身计划耽搁了，“先让让位”。

所以，你想到自己。

让位。你今天让的是一张碟，明天还会让什么？

总有“就差你，快来”的聚会；总有某个同学的表哥找到你，请你改一篇论文；总有闺密柔声相求“陪我相亲”。

夜深人静剩你一个人揉着惺忪睡眼赶报告。

地铁上，你用耳机隔出相对宁静的空间，才有机会好好读一本书。

你最好的时间总被突然出现的人或事占据，你最想做的事往往成为一种牺牲，最后变成奢求，你每次都让位，其实你对自己最狠心。

你并没有意识到，别人在置换你对生活的安排，从一天到几天到更久，渐渐地，无数个别人组成团队……

你打个寒战。

[哪些是可以拒绝的十分之九]

我不想将时间功利化，但我想告诉你，你的时间放在哪里，事关你和人生目标的距离。

如果你的人生目标是做一个饱学之士，今天你被耽误的一万字阅读，就是你和你的目标本来能缩短的一步。

如果你的人生目标是事业有成，你在网上浏览业内新闻也比敷衍师弟的稿子有建设性。

哪怕你什么都不想干，只想做个快乐的人呢。你今天别扭着，后悔着，倾听朋友梁的烦恼，她吐露给谁都一样的烦恼，你赔上你的时间，也不能解决她的问题，还耽误了你浮生偷得的半日闲。

就算没有人生目标，起码你对理想生活有个朦胧的想象吧。

你的妈妈想去郊区采摘，其实明天就能办到，但一天一天不知道拖到什么时候才能实现，你如果劝说她明天就实现，她就提前进入理想生活，哪怕只一天呢，也好过总碰不到边缘。

你也同理。

你必须知道对你来说最重要的是什么。

你的时间值得做更有意义的事，你被耽搁，被置换得越多，你离你的目标、理想就越远。

那件最重要的事，才是你最该花时间的事，其次是此时此刻能给你带来最大快乐的事。

总有人情世故，总有一些人际关系需要维系，故交近友，亲戚同事，但这些只占你生活的一部分，你的时间确实要献给亲情、友情，但不是全部，你该有个时间、精力的分配，还有，你最重要的那件事不能让位。

你说，你的口碑很重要。

其实你的心里最清楚哪些是别人需要你，非你不行的十分之一，哪些是你可以拒绝的十分之九。你能把这十分之一做好，对人对己，都足够了。

你说，也许，下次别人会注意，类似情况不会出现？

你不能被动指望别人发善心不再打扰你的生活，你的生活你要掌握主动权。你美好的今天、昨天还有某某天已经被置换，不拒绝，就无法杜绝，难道你还等待着烦恼复制下去？

别说你不好意思，任何人提出要求时，都是试探性的，虽然有人的姿态势在必得。除非当个老好人就是你的目标，否则，那十分之九该为你的人生目标、理想生活让位——还有什么比它们更重要？

我们从来无法控制会发生什么事，唯一可控的是面对事件时我们自己的态度——谁都不能安排你的生活，除了你自己，除非你同意。

你舍得为自己花钱的样子真好看

[1]

春天的时候，我的好朋友姗姗来武汉看樱花，匆忙之中，我们见了一面。

当她远远地向我走来的时候，我都有点不敢和她相认，这是姗姗吗？是，又不是。

2011年，在北京认识姗姗的时候，那时候，她给人的感觉是朴实温暖，虽然她很勇敢地一个人闯荡北京，一个人租房子找工作，但是那时候她总是带着一点不自信，有点怯怯的，也有点忧郁。

现在的姗姗呢？整个人气质完全变了，她披着长长的直发，化淡妆，穿着得体的紫色长裙，和白皙的她很配。

最重要的是姗姗身上洋溢着自信，那是由内而外散发出来的一种魅力。

看着这样的她，我开心地说，我好喜欢这样的你，和以前的你简直是天壤之别啊。

姗姗说，我也很喜欢这样的自己。

聊天中得知，这三年中，姗姗做了很多在以前的她看起来不可能的尝试。

她本来就是个文艺女青年，文笔不错，偶尔写写稿子。从2013年开始，她尝试写小说，刚开始写，她有点写不下去。后来她报了专门的写作班，在老师的指点下，完成了小说。

在某网站上连载，反响还不错。其实，刚开始报昂贵的写作班，姗姗也是心疼肚疼的，毕竟那抵得上她一个月的工资了。但是她想死马当作活马医，尝试下。就算不一定能学好，但是可以学习别人的经验。

没有想到，这反而为她打开了另外一方世界的门。

来自小县城的她，以前给自己买一件超过一百块钱的衣服，都会心疼，但是为了锻炼身体，她给自己报了瑜伽班。有空就过去上课，坚持练了两年多，她的形体和气质都得到了提升，身材也一直保持得很好。

除此之外，很喜欢看韩剧的她，还报了韩语培训班，现在她的韩语，和人进行基本的交流已经没有问题了。

谈及自己的变化，姗姗总结了一点，舍得为自己花钱，投资自己。

她以前只是满足一份小编辑的工作，每个月工资不高，在偌大的都市里，孤独求生。

后来，她上写作班，上瑜伽课，上韩语培训班，她的见识一点点提升，能力也在提升。随着自己掌握的本领越来越多，自信提升了。

这样的她，是自己喜欢的，也是令人喜欢的，她终于慢慢地活成了自己喜欢的样子。

[2]

前几天，看豆瓣红人meiya的新书。看作者个人简介的时候，我留意到一点，她已经是国家二级心理咨询师，这在我国算是心理咨询的最高级别了。

我记得上一本书，她的简介不是这样的，说明她在成长，在变化。

书中，meiya提到，她一直对心理咨询非常感兴趣，平常会看很多咨询方面的书。她之前是从事广告行业的，虽然成功地出过书，但是面对转行，她还是很挣扎。

毕竟如果以后她要以心理咨询为职业，不仅要上昂贵的培训班，考资格证，还要不停地学习，接受各种各样的专业课程的训练，要投入很多的金钱和时间。

后来她的朋友鼓励她：你还年轻，不要怕花钱，尤其是把钱投资在自己身上，一定会有相应的回报。

果然是这样的，因为感兴趣，meiya学得很好，她顺利地通过了心理咨询师三级和二级的考试，成为了真正的心里咨询师。现在她花钱去做心理咨询师的个人体验，报读了在职的心理学研究生课程。

沿着自己的方向，她一点一滴的努力，书一本一本地出，从事自己喜欢的行业，关键是学了心理学，她对自己的心理有了全面的自我解读，学着自我调节，心理变得更加健康。

是的，现在的她完全活成了自己喜欢的样子。

我很喜欢这样努力的女子。

[3]

但是并不是每个人都愿意舍得为自己投资的。

有朋友说，我也想为自己投资啊，我也想花钱买自己喜欢的东西啊，可我总是觉得钱不多，等钱多了些，我就会愿意为自己花钱了。

钱到底是多少才算是多呢？这个好像是没有定义的吧。有人月薪3000，还能省出钱来投资自己；有人月入3万，还觉得不够花，更不要提投资自己了。

有两位师兄，同是建筑专业优秀的毕业生。

一位师兄，赚了钱，开始投资股市，期望靠炒股赚钱，来买房、买车。为此他的心思都花在炒股上了，天天关注着股市的情况。本职工作干得漫不经心的，为此他的能力和收入一直没有太大的变化。

我们曾经建议他努力点，去考个建造师的证书，这样的话对他以后的长远发展也比较有利。可是他觉得花那么多的时间和金钱去考证，还不如投资股市，说不定哪天一下子就发达了。

只是他一直是亏损状态，不仅没有赚到钱，女朋友也没有，同龄的人，孩子都好大了。

而另外一位师兄，工作中很注意积累经验，勤奋学习。前两年，他还拿到了一级建造师的证书，现在每年这个证书挂靠在其他单位也有不错的收入。

加上他很努力，工资一涨再涨，还当上了小领导，房子、车子、孩子都有了。

[4]

以前，我也舍不得为自己花钱。可能是因为自己是家里的老大，父母唯一的女儿，我从小就很节约，有什么好东西，也是先想着给父母和亲人。

现在，我的观点完全转变了，在经济许可的范围内，我会买自己喜欢的东西，会为自己花钱。

送自己礼物，不一定要等到老公或者男朋友送，我有能力给自己买喜欢的东西，干吗不?

我很喜欢那种努力挣钱，舍得为自己花钱的女子，当然并不是说透支信用卡，超前消费那种。

舍得花钱的女子，为自己买鲜花，买钻戒，买漂亮的衣服，旅游，请自己吃美食，让自己接受更多的培训和再教育。这本身就是让自己快乐的方式，也是独立的表现。

我见过很多爱抱怨的人，觉得自己不如别人，有时候他们甚至愤愤不平地说，凭什么他活得比我好，我是哪一点不如他了？

有时候并不是你本质上不如他，只是他后来舍得为自己花钱，舍得投资自己，而你生怕浪费每一分钱。

有时候暂时来看，你花钱投资自己是没有收益的，但是长久来看却是一件值得的事情。

如果是通过钱能做到的事情，在自己能力许可的范围内，尤其是提升自己这件事情上，我还是很愿意做的。

这样不仅能够提升能力，也能够增长见识，会让我一点点靠近自己喜欢的样子，想想就很美好。

所以，如果你想学什么，想为自己投资，哪怕暂时看起来没有用的东西，只要自己喜欢，就去做吧。总有一天，你会收获想要的自己。

不一样的路走出 不一样的精彩人生

著名主持人白岩松，有一次应邀到厦门大学去演讲，鼓励学生们花时间做些无用的事，也许不经意间，就改变了思维方式，从而改变了自己的人生。他说："道可道非常道，名可名非常名，一件事有人说对有人说错，这是常理。"对他本人来说，改变思维方式的原因，源于童年时一项特殊的任务。

白岩松的舅舅是中学的数学老师，当白岩松还是一个孩子时，这位舅舅每天都给他出一道题，有趣的是，他不等白岩松思考，就会抢先画出一条辅助线，然后让白岩松去找第二条辅助线。当时，白岩松对此非常恼火，却又不得不坚持完成这项看似没有必要的特殊任务。直到多年之后，白岩松才认识到，舅舅通过这样的方式，已经深深地改变了他的思维方式。因为就从那时开始，他相信所有的问题不止有一个答案，当别人有一个答案的时候，他总是下意识地要去找第二条辅助线，创造力就在这一个小细节上诞生了，而它恰恰来自不带功利性的无用的训练。

白岩松的这段经历，让我回想起自己的中学时光。那时，同学们都在埋头苦读，为即将到来的中考奋斗，我却因为对数理化的恐惧，每天生活在自卑和自责之中。语文老师看出了我的心思，一天，他拿来一本古诗词选集，让我每天早自习时背诵其中一首。当时我并不明白老师为什么这样做，只是把它当成任务来完成。直到多年之后，我拿起笔来写作，可以轻松地引用古诗词时，才明白老师的良苦用心，原来他早就看出来，凭我当时的数理化成绩，肯定升学无望，不如让一直痴迷文学的我，多学习一些古典文学的知识，当时看似无用，后来却让我受益终生。

邻居家有个独生女儿小娜，从小就学习一般，大家平时在一起聊天，免不了谈到各自的孩子成绩如何，唯恐他们输在起跑线上，小娜的父亲却从来不焦虑，也不急着给孩子报培训班，反而经常利用假期带她出去玩。小娜上小学五年级时，跟着父亲到北京去看了一场书法展览，忽然对书法产生了强烈的兴趣，主动要求上培训班。于是，从小学到高中，当别的孩子埋头在题海之中时，总能看到小娜不慌不忙地骑着自行车去上书法课，对此，邻居们纷纷摇头，感觉小娜是在做无用功。可是，谁也没有想到，多年之后，没有考上名牌大学的小娜，开始在书法界崭露头角，一次次捧回金灿灿的奖杯。直到这时，我才明白，让小娜凭兴趣学习书法，正是一位聪明的父亲给孩子画的人生的第二条辅助线，尽管她不够聪明，最终却一样可以成功。

正如白岩松所说，如果有越来越多的人开始“另类”，做些看似无用的事情，比如寻找人生的第二条辅助线，那么就会有越来越多的人，拥有与众不同的美好人生。

第五章

盯着更远的目标不易输

朝高于自身能力的目标去努力，人生更开阔

前两年还看到许多创业公司野蛮生长，不少年轻人不可一世就要乘着风上天了。没想到资本的高潮来得快去的也快，近期资本寒潮之下又都埋下头，开始低调做人了。邻国日本，曾经历了经济高速增长和金融危机，现在经济持续低迷，他们这代人的生活也许能为我们做个借鉴，抵抗即将到来的寒冬。

[底层的舒适感，会温柔地杀死你]

现如今，我们生活在一个没有野心也不会饿死的社会。越来越多的人相信，即使没有钱，仍然可以很好地度过这一生。

我们有服装大卖场，便利店里卖的有15元一份的便当。你如果只想过最低限度的生活，这个社会还是能满足你的。

如今的年轻人，对于具体描绘自己的未来蓝图极度缺乏想象力。他们看不到时间的流逝，认为自己永远处于20多岁。既不去谋固定职业，也不结婚，完全不去想象四五十岁之后的情形。

他们认为一辈子穿着大卖场里的平价衣服、吃着便利店的便当就足够了。

的确，年轻的时候穿着绚丽多彩的卫衣，全身上下都是平价衣服也挺不错的。然而，等到了四五十岁，肌肤松弛，头发稀少，全身上下无一处能对抗得了重力的时候，再没有比每天一身平价衣服打扮更悲惨的了。

随着年龄的增长，如果身上没有一个地方穿戴的是质感高级的衣物，只会徒增人到中年、人到老年的悲哀。上了年纪还穿便宜货的人，自然而然会散发出凄惨的负面气场。

现在有太多年轻人根本无法想象自己有可能会变成模样寒酸的中老年人。年轻时和父母同住，受他们的照顾，当然没问题。可不能完全考虑不到父母总有一天也要靠养老金度日，总有一天也会去世。

你能想象自己到了50岁依然在为别人打工——前提还得是运气好有人雇用——整日被20几岁的人任意使唤的生活吗？

[分级的世界，不纵容得过且过]

虽然人不容易饿死，但贫富差距却在不断增大。社会上仍然存在着明显的阶层，不管是来自经济、教育，还是衣食住行。

分级制度在飞机的座席上体现得淋漓尽致。

当然，我年轻的时候也只知道经济舱，只从经济舱的入口登过机。有时经济舱的座位比较靠前，只有从隔帘的缝隙里才能略略窥见商务舱的情形。

不过我开始乘坐商务舱以后，因为要从飞机的前方入口登机，所以只有穿过前面的头等舱才能抵达商务舱的位置。这么一来我就见识到了原来还有这样一个更高级的世界。于是，我开始期望有朝一日自己也能坐坐头等舱。

一辈子只乘坐经济舱的人绝对没机会见识到头等舱的座位，但只要乘坐一次商务舱，哪怕不情愿也会亲眼看到头等舱的世界。

人的生活方式也是一样，不努力追求更高的目标，就无法见识更广阔的世界。

我31岁那年获得直木奖之后，生平第一次乘坐了头等舱。由于实在是太舒适了，我暗下决心：今后哪怕是自掏腰包也要乘坐头等舱，这就是我的生活态度！

年轻时把今后一定要坐头等舱的决心当作一种野心，并非什么坏事。或许有人认为这是爱慕虚荣的表现，但年轻的时候虚荣一点儿、逞强一点儿，于自身成长都是不可或缺的吧。

[金钱很重要，人生的选项越多越好]

过去，我母亲经常说："贫穷会让人消极，这太可悲了。"事实不正是如此吗？

我指的并不是用于奢侈浪费的金钱。

就算没必要住高级酒店，但是当你想去某一个国家，即使路途遥远，也要亲眼见识一下某件国宝的时候，金钱就是必不可少的。

比如说，当你决定亲自踏上威尼斯的圣马可广场去感受一次的时候，或者到阿姆斯特丹的美术馆里亲眼欣赏维米尔的画作的时候，希望去屋久岛参拜绳文杉的时候，能不能立即行动就取决于你有没有钱和时间，而这一问题又关系到你的生活方式。

总有一些这样的言论，比如，人生不应该被金钱左右了、金钱实际上没有任何价值，等等。然而从来也没有一个人发掘出了真正意义上足以取代金钱的东西。

德国剧作家科策布有一句名言："不以贫穷为耻。"所有人都把这句话挂在嘴边，却没有任何人从内心认同这句话。当心身边那些声称金钱罪大恶极的人，他们多半是在自我催眠。

那些成功的人是什么样的人呢？答案是他们始终铭记自己被赋予的时间是

有限的。

20几岁的拼搏结果会反映到30几岁的人生，30几岁的努力和40几岁时的充实感是成正比的。

[不会花钱的人，也不会赚到钱]

既然金钱很重要，接下来就谈谈赚钱这个话题。

现在的年轻人似乎都倾向于攒钱。因为社会前景一片渺茫，所以他们的心情我可以理解。但是，偶尔奢侈一下，去看自己想看的东西，对自己进行投资不也很有必要吗?

吝啬之人等待他们的是吝啬的人生。

而花费的金钱会最直接体现到聊天的趣味性上。就在前几天，一位相熟的太太对我说："男人都会很乐于跟林小姐一起聊天吧。连政治、经济你都可以对谈如流，又精通歌剧、歌舞伎和小说，还知道美酒、美食餐厅……"

听到这话，我简直要喜极而泣。我确实在美食和观赏各种事物上花了很大一笔钱，所以现在觉得物有所值。

像这样对自己的投资收获了成果，成为聊天有趣的人之后，会有各色各样的人聚集过来，你的交际圈就扩大了许多。

我就曾经只是因为被邀请去参加讲谈社编辑的婚礼，就有了当富士电视台的形象代言人的机会。那名编辑大学时期的前辈是当时富士电视台的一位宣传部部长，他觉得我说话很有趣，就问我愿不愿意当形象代言人。

随后也有人提起“请我当红白歌会评审”的话，没想到那年年底就真的让我担任了评审。

[你离想要的生活，只差一个野心]

除了投资自己，让自己变得丰富有趣，请你务必保持对生活的野心。

拥有野心，不懈地努力，与阅读很相似。

开始读一本书，你会发觉自己是多么的无知，意识到不了解这个领域有多么糟糕，今后还要再多看看别的书。

人越是努力，翻开的书页就越多。

相反，完全不读书的人连读什么好都不知道。

确定自己的人生想以什么方式度过之后，就咬紧牙关去努力吧。

如果把野心比作登山，开始尝试攀登的话，就能明白距离山顶是多么遥远。凭借自己的力量拼命攀登到一个地方后，向下俯视美妙绝伦的风景，体会到满足感和幸福感，之后你就会希望欣赏到更美的景色，获得更大的满足，从而为体味更多的幸福而不断向上攀登。

要知道，人如果不是有意识地积极向上，凭借机缘巧合是无法度过更充实的人生的。

哪怕一点点，试着朝向高于自身能力的目标去努力，你会发现可选之路增多了，人生也更为广阔了。

低起点也能拥有无上限的人生

曾有两个同事A和B，来自同一所大学，同届同系。

在一个单位，这算挺近的关系了，按说该结为死党才是，然而他们并没有。

因为A骨子里有点瞧不上B。

A是本市人，家境不错，大学刚毕业就车房齐备，人也比较清高，不屑与常人为伍。而B来自外省农村，住单位宿舍，每个月发了工资，第一件事就是汇一半给读大专的妹妹。

可能因为出身不同，B压力比较大，工作特别卖力，连着两年都是单位的优秀员工，领导给的评语是“特别能吃苦，特别能战斗”。而A则热衷于喝酒、玩游戏，常因为喝大了不来上班，周末若遇临时加班，也是百般推脱。

一般聚会或者打车，都是B跟我们抢着付钱，A的常态就是坐在那里岿然不动冷眼旁观。

后来B考上研究生，A也借母亲的关系，去了更好的单位，俩人一起辞了职。

当时有位同事私下感慨说，真是同人不同命啊，B那么努力地考研，毕业也未必进得了A的单位，而A不费吹灰之力就已经站上了B的终点。

我们领导就摇头，说不对，从他们的能力、心气、为人看，A现在是到顶了，但B还有很大的上升空间，B的人生，起点低，上限高。

果然，现在10年过去，A还在那个单位原地踏步，而B已经是一家上市公司的高管。

这个社会流行“起点论”。

人们特别喜欢说，看啊，那个谁，他爸是谁他妈是谁，所以他现在活成了谁。没错，一个人的起点很重要，如果能从一个高度上起飞，飞得高的概率自然要大很多。

但是有很多人，有父母加持，有亲友相助，天生就站上了高起点，可惜他的能力、心气不足，自打上了路，就在一直一直往下滑，那个起飞点，可能就是他的最高点。

也有很多人，比如马云、刘强东，农村的泥坑里长大的，起点低到不能再低，但他们够聪明、够努力，一路拓展人生的上限，于是能够扶摇直上，越飞越高。

雄鹰从谷底起飞，一样可以冲天。而母鸡就算在云端起步，也只能步步滑落。

其实，我们很少会仅仅因为一个孩子出身差、起点低，就断定他必然没出息。但如果一个年轻人整天热衷于喝酒、玩游戏，视工作为浮云，那么就算他的出身再优越，我们可能也会暗叹此人烂泥糊不上墙。

所以，一个人有没有前途，关键真不在于起点，而在于他有没有上升空间——也就是他的上限有多高。起点是加分项，而上限是决定因素。

那么，是什么决定了一个人的上限呢？

其实有很多方面。比如智商、情商、人品、上进心、努力程度等等。

你的智商高人一筹，人生的上限就要高出一截。

你善于为人处世，上限又要高一截。

你肯吃苦，也给上限加分。读书多、学历高，加分。眼界广、境界高，加分。抗压能力强，加分。有一技之长，加分。广交朋友，加分。有情有义，加分。

反之，目光短浅、贪玩懒惰、小肚鸡肠、自私冷漠、不学无术，都是减分项，都会拉低你人生的上限，收窄你的上升空间，使你抬头便是天花板。

人是多维度的，你的每一个优点都是发动机，推动你向上拉升，而每一个短处，都是包袱，拽着你向下滑落。这两者的合力，决定了你最后的高度。

前几天有读者给我留言，说：月亮姐，你相信努力就能成功吗？我以前特别信，现在不信了。我在一个酒店做了三年厨师，一直很努力，基本每天都是最晚吃饭最晚睡觉的，这次厨师长辞职，我本以为会让我干，但昨天经理说要让一个才来俩月的人做厨师长（他是总经理的亲戚），还说我没学历，不会管理，干不了。

我真的很受打击，这社会，农村孩子真是没前途、没出路，努力有什么用呢，人家随便一个借口就把你打发了。

我给这个读者讲了A和B的故事。我说，其实并不是农村孩子没出路，只是我们要付出更多辛苦才能找到那条路，你从山底起步，而那个总经理的亲戚从山腰出发，今天你可能拼不过他。但是你继续努力，五年八年以后，局面就会不同。

你努力修炼厨艺，每道菜都比别人做得好吃，你的前途就比别人光明一点。

你学历不高、不会管理，这可能确实是你的短板，那么，多读点书，多向人学习管理经验、处世技巧，你的前途又会光明一些。

当你把拖累自己的短板尽量补齐，把推动自己的长板尽力拉长，你的前途就广阔了。

我不相信努力一定成功，但我相信努力一定有用。它的用处就是：拓展你人生的上限，让你的未来有更大的上升空间，有更多、更好的可能性。

一个人从哪里起步是命里注定的，我们无法选择。而人生的上限，却可以经由努力不断拓展。

起点低是天然弱势，但抱怨没有任何意义，倒不如趁着年轻，多想想自己上升的动力在哪里，如何使它更强劲，再想想自己的短板是什么，要怎么摆脱，不被它拖住。

这世界有阶级分化，有与生俱来的不平等，但对于多数人来说，决定你飞得高不高的，是你的能力和努力，而不是那个最初的出发点。

有的人16岁就到达了人生的顶峰，而有的人60岁还在有条不紊地进步。

好的人生，上不封顶。

让自己的能力 配得上自己的品味

一个人的品味，是由她所在的圈子决定的，这取决于外界环境；而一个人的能力，是她自发努力形成的，这取决于她自身；当一个人能力，配不上自己品味的时候，其实是一件蛮悲催的事情，他们会认为自己怀才不遇，于是孤芳自赏，然后郁郁寡欢……

我们的周围，总是有很多这样的人：自己的品味被周围环境抬升上去了，她们非常明白自己喜欢什么、向往什么、享受什么。一个人的品味想获得提升，其实真的很容易，只要把她放在某个“高端”环境里，熏陶个一年两年，欣赏水平和眼界很快就提升上去了。

而我其实想说的是：当我们的品味被抬高到一定水平，我们的能力还配上自己的品味吗？这是一个激荡的时代，人口流动越来越顺畅，不同地区、不同出身、不同学历、不同身份的人被糅合到了一起，我们有太多机会跨越到某一个圈子了。

有很多女孩子们，尤其是所谓的公司白领，她们经常旅游、出国、谈判、应酬，所接触的层次确实比较高，于眼界和品味获得了质的提升，整个人的世界观骤然绽放。但是一个人能力要想获得提升，外界环境只起到辅助的作用，她必须认识到现实，并且力求改变现实，这需要一定的责任感、理想，以及胸怀。

为什么现在社会的女性总数少于男性，但是依然是剩女比较多？就是因为这些所谓的公司白领们的品味和欣赏水平被提升了，仅此而已。

有很多农村长大的孩子们，有一天忽然被小伙伴带到了大城市里，开始谋得一份差事，服务员、销售员、客服、保安等等等等，经常会听他们说自己适应了大城市的生活，再回到老家感到特别不适应，但他们在大城市也仅仅混口饭吃，难有安身之地，面临进退两难，感到非常尴尬。

我们很体谅这种情怀和惆怅，但是我只想说：加油吧！努力使自己的能力配得上自己的品味！其实，凡是心高气傲的人，往往都是品味大于能力的人。有时，与其说一个人的品味很高，还不如说这个人痴心妄想。这是一句很伤人的话，但也是一句大实话。

仔细想想身边的朋友，其实这种人真的蛮多的。她们特别善于欣赏和指点别人，但不善于自我剖析和提升，她们很清楚自己要问世界索取什么，却没有想过要为世界创造什么。其实，真正有能力的人，反而会心平气和，他们的穿戴也看上去也很平凡，他们不是没有品味，只是他们有足够的胸怀去容纳世界的千差万别，有足够的自信撇开别人的眼光。

真正有能力的人，必定是有品味的。但他们从不需要向外界证明自己的品味。他们或许从来不需要穿各种名牌，他们自己就是最好的名牌。推动这个世界进步的不是品味，而是能力。如果想提升自己的品味，不妨先提升自己的能力！

越早定位 越早有地位

仅仅两年，无任何背景的芷柔就从公司的总经理秘书升职成为总经理助理，令我对这个和我一起从大学校园出来不久的昔日同窗充满了好奇。

还在职场里为生计而发愁的我逮住个机会，当面向她请教了她的升职秘密。

芷柔倒也毫不隐晦，把她这两年的职场经历统统倒给了我。

大学毕业后，凭着自己的英语优势，芷柔进入了一家外贸公司当秘书。刚进入公司的时候，她对什么是外贸都不知道。但芷柔进入公司后，就暗暗给自己一个明确的定位，不会永远只做一名普通的秘书，而是要通过自己的努力，争取做总经理助理。

目标明确后，芷柔自从进入公司的第一天起，就一边向公司的秘书小姐学习业务知识，一边悄悄观察总经理助理的一举一动，暗暗地向总经理助理学习他的那套本事。

上班的时候，芷柔就也如其他秘书一样，认认真真地完成自己的分内工作。但当闲暇下来，老板不在办公室的时候，其他的秘书就开始打私人电话，看闲书，甚至偷偷做自己的私活，而芷柔在这个时候，却会反思自己最近的工作，哪个地方做得不够妥当，是不是可以换种方式，总经理在哪件事情上情况特别沉重，为什么会出现这样的情况，还有，自己在工作中缺乏哪些方面的能力，如何去改进。因为想得多，芷柔的秘书工作也就做得越来越好。另外，芷柔还广交各类朋友，建立自己的社会关系。

对于一些突发的事件，芷柔总会从总经理的角度去考虑。一次，她陪同总经理去见一位重要的客户，以及签一个重要的合同。下车时，天空中下起了淅淅沥沥的小雨。芷柔心中一动，故意放慢了脚步，询问司机车上是否有雨伞。得到司机否定的答案后，芷柔掏出钱，请司机到商场里代购一把尺寸大些的名牌雨伞。

总经理和客户签完合同从大楼里走出来时，雨大得像瓢浇一样。芷柔赶紧快走两步，从司机手里接过雨伞，递给总经理。总经理很有风度地撑开雨伞，护送着客户到了车上。送走客户后，总经理对芷柔投去了满意的目光。

两年后，总经理助理跳槽到了另一家公司，早已经对芷柔的工作非常满意的总经理，立刻提拔芷柔做了总经理助理。

正是因为在职场中及是定位，让芷柔的职场之路越走越宽，芷柔的职场经验，让我汗颜，也让我期待。现在给自己的职场定位还不迟，我希望自己能有一个全新的开始。

你才是自己职业人生的规划人和开拓者

大学毕业后，最大的愿望就是能做一名编辑记者。尽管我学的不是中文，但我十分热爱写作，平时博览群书，勤于练笔，为毕业后做着准备。一毕业就带着在学校期间发表的作品去面试应聘，可是很多编辑部都因我没有工作经验而被拒之门外。

这个城市里媒体不多，缺人的更少，我只有主动出击、毛遂自荐，我找来各个报刊社的地址，向推销员一样一家一家地举荐自己，得到更多的是善意的拒绝，偶尔还会遭受白眼。跑了两天，整个城市的报刊社几乎让我跑遍，就在我灰心丧气之时，在一家杂志社，当我询问后得到的仍是拒绝，刚要离去时，社长叫住了我，他说："我看看你的作品。"我激动得不知如何是好，把发表的文章一一放在他的面前，看完后他笑了笑说："我们各个栏目都有编辑负责，如果你感兴趣，可以留下来做校对人员，帮编辑处理一些稿件。"

我毫不犹豫地点点头："我愿意留下。"我知道这是难得的一次学习锻炼的机会，尽管没有做成编辑，但我可以积累工作经验，加深对这个行业的了解。

我特别珍惜这次机会，每天都早早地来到办公室，拖地、打水、倒纸篑，不明白地地方虚心向每一个编辑请教，认真看老编辑校对后的稿件，值得借鉴的地方，就认认真真地记在日记本上。校对工作看似小角色，实际责任重大，杂志出版后，错字错词都有校对的责任。每一期责编校对完后，我都要最少校对三遍，有时看上四五遍，下班后，我捧着清样在公交车上看，回到家我趴在被窝里，一个一个字地看，我把每个容易出错的字词都揣摩两遍，做到准确无误。即使着急定版，我也不敢大意，必须做到自己心里有底。在校对的过程中，我还反复研究杂志的风格，编辑的选稿特点，标题的拟定和版式的设计，我要好好把握这次机会，多积累工作经验。

半年后的一天，社长把我叫到办公室，原来一个编辑辞职了，社长让我接手版面。看我底气不足，社长鼓励我说："你的工作我都看在眼里，杂志质量不断提高，也有你的功劳，我相信你。"社长停顿一下，"当初留下你，就想考验你能不能坐住板凳，适不适合做编辑，你没让我失望。"

我实现了自己的职业梦想，更加珍惜这次机会，在编辑这个岗位上一做就是9年，所编栏目多次获奖。

在职场打拼，最好的伯乐是自己。在机会面前，那些勤奋敬业、默默付出的有心人会成为最终的赢家，自己是自己的伯乐，机会把握在自己手中，你才是自己职业人生的规划人和开拓者。

大目标也能一小个一小个地完成

如果你有一个很大的愿望，大到你觉得实施起来比登天还难，不妨把你的大目标拆分成几个小目标，从最小的开始处理。如果你还不够明白，接下来的两个小故事会让你豁然开朗。

有个叫伊凡的砍柴人，一天上山砍柴迷了路，黄昏时在荒凉的山坳里发现有一户人家。“里面有人吗？”饿极了的伊凡上前敲门。

出来开门的是满脸皱纹的老太太。

“亲爱的老奶奶，您老人家好！”口齿伶俐的伊凡又是敬礼，又是请安，“我想借个宿，行吗？”

老太太说：“行呀，行呀，住到柴房里去吧。”

“老奶奶，您再行行好，我一天没吃东西了。”

“可是我家也没什么可吃的，好在天很快就要亮了，你就忍耐一夜吧。”

“真小气！”伊凡心里叫苦，脸上却仍然赔着笑，“啊，没关系，没关系。不过，你锅子总是有的吧？”

“你煮什么吃呢？”老太太好奇地问。

“煮斧头。”伊凡从腰间取出斧头在水里洗得一干二净。

“煮了斧头怎么吃呢？”老太太想看个究竟，就把锅子借给了他。

伊凡把斧头和水放进锅，烧了起来。一会儿，水烧开了，他尝了一口水说：“要是放一点盐就好了。”老太太就给了他一些盐。

伊凡又尝了尝：“要是再加一点油，味道就更妙啦！”老太太又给了一点油。

伊凡把油放了进去，搅了搅，一尝，又说：“要是再加点土豆，味道一定还要好。”老太太又拿出一捧土豆。最后伊凡说：“可以吃啦，我们一起来吃吧，不过，最好再加点面粉。”老太太这时知道上当了，不过已到了这一步，也只好忍痛舀了一碗面粉。

这时一锅面糊糊熬成了。伊凡取出斧头洗了洗放好，然后很有礼貌地说：“亲爱的老奶奶，我们一起吃吧！”

伊凡真是聪明！他本来是要向老太太讨点儿吃的，可是却遭到了无情拒绝，而且看上去毫无回旋余地。饿极了的伊凡没有死缠硬打，而是当即“放弃”了请求，转而讨要一口锅，声明要煮斧头，在老太太因为好奇心借给了他锅后，伊凡又向老太太讨要一点儿盐，得到满足后，又讨要一点儿油，再讨要一点儿土豆，最后讨要面粉。

原来伊凡并没有放弃自己的请求，而是把请求分解，来个以屈求伸，从细小目标开始，逐步达到满足自己全部愿望的目的。

大的请求往往让对方一下子难以接受，但从细小处开始请求，对方就容易接受多了，会尽心尽力加以满足的。这是一种请求的智慧。这种智慧常常会帮你大忙。霍尔莫赞是波斯帝国的太子，就是用了这样的方法救了自己的性命。

霍尔莫赞是波斯帝国的太子，在与阿拉伯帝国的倭马亚王朝作战中不幸被俘。军士把他押解到倭马亚王面前，国王下令立即斩首。

霍尔莫赞向国王请求：“噢，主宰一切的陛下，我现在口渴难受，您宽宏大度，让你的俘虏喝足了水，再处死也不迟啊。”

倭马亚国王点点头，让士兵给太子端上一碗水。可是太子接过水，却不喝，用惊恐的眼神环顾四周。

“为什么不喝水？”士兵怒声呵斥。

“我担心，当我正喝着这沁人心脾的清水时，你们举刀杀死我！”太子哆哆嗦嗦地说。

“放心吧，”倭马亚王显出宽宏大度的模样说，“谁也不敢动你的！”

“既然这样，陛下总该有个保证啊。”太子请求说。

“我以真主的名义发誓，在你没喝下这碗水之前，没有人敢伤害你。”倭马亚王郑重地说。

听了这话，霍尔莫赞将一碗清水都泼在了地上。

“大胆，将他推出斩首！”倭马亚国王怒不可遏，厉声下令。

太子霍尔莫赞平声静气地说：“陛下，刚才您庄重地向真主发过誓，在我没喝完这碗水前不伤害我。我现在没有喝下这碗水，而且我也喝不到这碗水了。因为它已滋润了您的土地。您理当履行君王的誓言。”

一个战败的太子，能够改变骄横跋扈的战胜国国王处死他的决定，听上去简直是天方夜谭。但霍尔莫赞把这变成了事实。

霍尔莫赞面对倭马亚国王处死他的命令，没有直接求饶，而是请求赐给一碗清水，理由是自己现在渴得难受。对一个将死之人，这样小小的请求是很容易得到满足的。继而，霍尔莫赞又请求倭马亚国王答应不要在他喝水时杀死他。这又是一个小小要求，对方同样没有拒绝他。

其实，霍尔莫赞本意并不在一碗清水上，而是让自己活命，但若直截了当让倭马亚国王放他一马，显然是不可能的。霍尔莫赞从小要求切入，就是要为自己赢得转机。虽然，霍尔莫赞成功从刀口下逃生还运用了他的机智，但从小要求开始表达自己的愿望，是其通向最后目标的第一步。

把不容易实现的大目标拆分为几个小的目标，然后一个一个去实施。少一份生硬和莽撞，多一份睿智和技巧，从而成功实现你的愿望。这真是妙不可言，不信，你试试看。

永远不要拒绝多学一些东西

某大型企业计划招聘一名职业经理人。经层层选拔，两名候选人脱颖而出。二人的资历、才华相当，就连相貌也同样俊朗，但职位却只有一个。面试官们举棋不定，只好去请示上司。上司只是简单扫了一眼二人的简历，就决定录用A。

后来大家才知道，原来面试那天，这位上司曾在会议室和面试者们闲聊过几分钟。刚好上司是个中医养生爱好者，而A恰好也懂一点中医，于是二人便聊了几句中医养生的话题。就是这次聊天，让上司对A留下了不错的印象，A竟然因此赢得了这份待遇优厚的工作。

比别人多懂一点，有时候并不是多么困难的事，只需在生活当中稍加留心和学习即可，但有时恰恰就是这多懂得的一点点为你的形象加了分，帮你赢得了额外的机会。大观园里，人人都爱薛宝钗，而薛姑娘之所以能赢得众人的喜爱，不只是因为她性格大方懂得做人，还因为她懂得比别人多一些，能在关键时刻提出有建设性的意见。宝钗天性聪明又懂得留心，不仅学会了针线女红，还博学多才，能诗会文。当然这些黛玉也都擅长，不过若论及医疗知识、调配颜料的学问和管家理财的本领，她可就没有宝钗在行了。那么薛宝钗比别人多懂的这些知识又是哪里来的呢？用宝玉的话来说就是“杂学旁收”。通过这些途径得来的知识则极大便利了薛宝钗的生活，母亲病了，她能在第一时间为其开个简单的药方；惜春要画画，她便帮着准备各色画具；探春要改革财政制度，她也能提上不少有用的建议。正因为宝钗各方面都比别人懂得多一些，所以她的人缘极佳，也更容易赢得他人的尊重。

还有《京华烟云》中的姚木兰也是个好姑娘，贤良淑德，孝顺父母。但如果她仅仅是个中规中矩的好姑娘，也未必能赢得这么多人的喜爱。她的可爱之处还在于她比别人懂得多一点点，她爱读书，却并不死读书。从书中她学到了煮花生汤要放一点点碱，就将其应用到了实践中。正因这处处留心的生活智慧，赋予了木兰浓浓的生活气息，使她赢得了人们的尊重与喜爱。

此外著名作家刘墉最初的成功也恰恰得益于多懂的那一点。刘墉的处女作叫作《萤窗小语》，是薄薄的一本小册子。刚写出来时，出版社都表示不感兴趣，拒绝为其出版。刚好刘墉读书时做过校对编辑，懂一点出版知识，于是他自己联系了印刷厂，自费印了几千册图书，结果书一上市就被抢光了，然后一版再版，销路奇佳，刘墉由此走上了专业写作之路。故而他在文章里说："如果不是因为比别人多懂一些，我能有今天吗？"

同样的例子还有新晋谋女郎倪妮，作为一名艺校生，她并未将漂亮当作唯一的追求，而是掌握了拉丁、游泳、写作、英文等多重技能，这些都构成了她的综合素质，使她能够在名导选角时脱颖而出，抓住了命运递出的橄榄枝。

所以，君子不器，技不压身，永远不要拒绝多学一些东西，那些看上去零碎繁杂，永远不知道什么时候才能用上的知识，也许就是你未来成功的源泉，会在最关键的时刻帮您抓住机会。因为人生有底色也有辅色，而有时候成就你的，恰恰是那些不起眼的辅色。

只要有方向，船再小，也能在大海上劈波斩浪

人生就像一叶扁舟，在苍茫无际的大海上航行，不同的历程创造出不同的硕果。扬帆远航吧！去寻找我们自己的幸福！

一望无际的大海是我们的征程，或许前方一面昏暗。但是你并不孤单。看吧！狂风为你们加油，海浪为你们助威，海鸥伴你航行。他们是你的伙伴，磨炼你的意志，坚定你的信念，或许旅途中会有一些暗礁。但是，别退缩，勇敢地与我们做斗争战胜困难，超越自我。抓住机会，一跃而过，困难不算什么，但，最重要的是不放弃！只要敢于拼搏，失败也是一种欣慰。

输，并不可怕，失败乃是成功之母，通往成功的路或许充满荆棘，但它不能影响你的信念，或许你受伤了，找不到成功的出口，在黑暗中不住地徘徊，留恋，别认输。努力地寻找方向，重新整顿自己，使自己变得更坚强。要知道，输并不可怕，最可怕的是认输！

扬起自信的风帆，我们青春，我们自信，我们怀揣着一颗热情澎湃的心。不管未来世界如何，都不能泯灭我们上进的心。远航吧，去寻找自己的幸福，不管大风大浪向前闯，别害怕，风轻云淡，努力追求自己的梦想。

人生需要坚持奋斗，需要夜以继日不停地行走，不断地向前奋进，努力坚定地前进，驾驶着自己的小船，在大海上劈波斩浪，在爱的港湾里留下串串希望，在茫茫的大雾中翔驰，享受着生活战斗带来的美好，像高尔基的海燕一样，大声地呼喊：让暴风雨来得更猛烈些吧！

一句名言曾说“乘风破浪会有时，直挂云帆济沧海”。别让怯弱否定自己，别让惫懒误了青春。一个人不奋斗不能有所成就，一个国家不奋斗不能立足世界，一个民族不奋斗不能兴盛强大。带奋斗一起飞翔，因为有了它，让我拥有理智之思；我才使过去的失误不再重演到今天的影片里；我才能使过去的成功在人生中继续升华；我才能真正收获金秋丰硕的果实，品味人生的快乐。

不管你是否看到了希望的曙光，心中的启明灯在隐隐的发光，不停的行走，不停地航行，不停的奔跑。不抛弃，不放弃是我们的信念，一味的幻想终将如泡沫一样消散得无影无踪。努力的航行在2013年那美丽的春天，曾记得冰心说过：“言论的花开得愈大，行动的果实结得愈小。”打破这种沉默吧，在沉默中爆发，用实际行动证明自我，努力地航行，不哭泣，不停止，不放松。

别驻足，成功需要激烈不停地追逐；别认输，熬过黑夜才会有日出。阴雨之后才会有彩虹。要记住，成功就在每一个下一步，泪水就是天下最美的书！

用汗水浇灌生活的硕果，用多彩的知识充实自我，用充实的步伐坚定信念，扬帆远航，创造崭新的明天！

理想再遥远，也值得拥有

那一晚，在华清嘉园15号楼，那个属于青年的空间里，我一个伪青年，跟一群意气风发的大学生们聊理想。这是年轻人为自己创建的精神家园——706青年空间；这是青年人交流思想的平台——演讲沙龙。

“理想！”当我看到这期沙龙题目时，不禁问自己：有多久没有提到这个字眼了？

陆秋文说：“追求个人理想，不是什么都能放弃的，另一头要挂上责任，以免理想变成自私的。”刚刚读研的朱理，也刚刚从一场身体的不适里走出来，她说：“平实的理想，也许并不遥远，可是追求的过程，却未必轻松。”在中医药大学读工商管理的王思宇，帅气逼人，像从韩剧里跳出来的，不靠谱的专业，让他迷惘：“不知道理想到底在什么地方？”杨子非表示：“不愿意过一下子看到头的生活，好像在飘。”

如我这个年龄，跟周围的人讲出这个字眼，是需要勇气的，曾经那么信誓旦旦的样子，在本子上偷偷地写，在心里默默地记，在夜晚静静地想。满怀憧憬，心里像装只小鹿，不敢让别人知道，恐遭嗤笑，却又四处乱撞。血管里是滚烫的，有那么多力量在奔涌，期待着人生的大开大合，幻想着前路的五彩缤纷。锁定了那个目标，认为自己可以赴汤蹈火万死不悔，坚定得让现在的自己想掉泪。时间就像粗糙的砂纸，一层一层，将理想打磨得失却了最初的样子。

理想是奢侈品。在这个物质化的时代，精神层面的东西越来越淡。一位老师说："你们有些人说的不是理想，而是梦想。真正的理想，是知道现实无情，依然不屈不挠地坚持下去。"尽管他从更多的层面来解释理想，可我更愿意从理想本身上去汲取内涵。

"不知道答案的时候，就去找问题。"不知道路在哪里的时候，是原地思考，还是暂时前行？当我们都在以现实为借口，将曾经的理想弃之如敝履，可曾再重温曾经的感动悲壮慷慨激昂？理想不是再苦再累也要坚持的东西吗？不是物质权势财富地位无法撼动的东西吗？可是，在残酷的现实面前，理想坍塌得那么迅疾，像流沙，而不是堡垒。而自己，甚至没有食言后的羞愧，只是对曾经幼稚轻狂的过去轻轻一瞥，说是成长了，成熟了。

理想是易碎品。搜肠刮肚地想小学时的那篇作文，《我的理想》写了什么呢？记不清了。时间是最无情的整容师，好多东西，被时光的雕刀修饰得渐渐地没了当初的模样。如果我们的质地不够硬，恐怕时光翻转之后，好多东西已经变成了一地拾不起的碎片。

尽管，随着时间的蒸馏，理想缩水了，变得干瘪，但也好，更加接近那个坚硬的核。尽管它丑陋不堪，甚至有修补的痕迹，有磕碰丢失的边角，有纵横的裂纹，但是，还好它仍在，仍然安放在心里。所以，我庆幸，暂时没有迷失；我期待，可以继续。

最后，我说："人生不能没有理想。有理想引导的人生，才会是饱满的，才会是精彩的，才会是真实而不矫饰的，是属于自己而非依附别人的。"

你看到的是生活的辛苦，我过的却是生活的美好

休假期间，白天还是要守着电脑工作的。可是早一点，晚一点，时间都是我自己的。

早上的时候跑步，随手带回一些无名的花花草草，插在喜欢的瓶瓶罐罐里。晚上的时候，放着音乐，拿起画笔，画一会。传了插草插叶的照片，分享了自己画的作品，引来很多点赞。

也有不是特别熟悉的朋友留言，艳羡道：觉得你的生活好潇洒，好惬意！我回复道，亲，只是辛苦的没发。

是的，我从不屑显摆生活的狼狈和辛苦。我愿意用流量分享美好，诉说小幸福，描绘诗和远方，把玩柴米油盐里的有意思。

谁的生活没有乌烟瘴气，只是我更愿意当我翻开过往的状态时，记录的皆是打动自己的瞬间。

在换新护照的时候，翻开里面的签证，发现在短短一年时间竟然去柬埔寨金边出差将近10次。

从越南胡志明出发，坐大巴，出关，入关，之后大巴上轮渡，等晃到金边时往往已经是7个小时之后了。国内大巴也就4个小时的车程，在这里要跑7个小时。

大巴环境很一般，车外温度永远是38℃~40℃的高温，本来大学晕车的我虽神奇地不再晕车，坐长途还是不怎么舒服。可是有那么几次，我看到窗

外田野里肆意的绿，天空纯净的蓝，还有夕阳西下时惊艳的落日。忍不住拍下瞬间，分享。

即使在嘈杂的车里，酷暑里，不愿发个状态抱怨旅途辛苦，抱怨饭菜难以下咽，抱怨反胃难受，只是带着水杯，听着音乐，尽量让自己舒适一点。发个美景的状态，照顾好自己，对于我来说比发状态记录辛苦更有用。

于是你看到了我发的美景，看不到我的狼狈。这是我的选择。而你也有你的选择。

毕业后各奔东西的大学同学，有了群，于是可以看到很多人的状态。最有意思的是发现同样是晒孩子，大家晒的也非常不一样。

其中一个女孩是当时和我一起学心理学的闺密。她生娃，带孩子，整个过程，状态里显示的是一个极其有方法，耐心，得心应手的妈妈的状态。另外一个女孩，整个过程就是太多抓狂，辛苦，心酸，难过，措手不及当妈的状态。

我欣赏第一个女孩，心疼第二个女孩。而我也知道第一个女孩当然也会有抓狂，心酸，辛苦，第二女孩也有带孩子的快乐、收获和成长。选择记录哪些，都是她们自己的个人选择而已！

你会说，如果人人都是分享美好，那也太假了！我就是愿意吐槽，愿意抱怨，愿意分享艰苦的生活，狼狈的生活。现实生活已经够苦难，为何不能让我真实地发泄自己的不舒服呢？可以啊！这是你的选择。

朋友圈也好，现实生活也好。当你看到另外一个人生活的光鲜时，这是他的选择，他选择让你看到光鲜。当你看到一个人生活的脆弱时，这是他的选择，他愿意让你看到脆弱。当你发现一个人的狼狈时，这也是某种选择。

当然生活中有太多无奈时，不得已不得不显露自己的不堪，但是请相信你仍然还是有选择的。

而我选择让你看到我生活惬意，因为我不愿显摆生活的狼狈。

有个高得离谱的目标又何妨

当我开始用“驴”这个修饰语的时候，我才猛然间发现汉语的博大精深是再厚的字典都无法穷尽的。

[1]

春天的午后，我躺在这座自己尚不熟悉的校园草坪上，尽情享受柔和的阳光带来的慵懒。电话响起，我并不想让任何事情打扰我的美好。直到它执着地响了一分钟后，我才不情愿地按下了接听键。“阿坚，你这头驴在干什么啊？”是他，是阿杰。“你驴啊！”在我感到喜出望外的时候，我知道这是最好的回答。“在这里说‘驴’，都没人知道是什么意思。”远在长春的阿杰开始兴致勃勃地讲述自己这半年来的奋斗史。老人常说，有些事情只有自己经历了之后才能真正明白其中的道理，就像中国的文化，当我开始用“驴”这个修饰语的时候，我才猛然间发现汉语的博大精深是再厚的字典都无法穷尽的。

第一次听到用“驴”来形容一个人是在大一将要结束的时候。考完最后一门英语，我拖着有些疲惫的身子回到宿舍。推开宿舍门，阿杰刚从床上爬起来，伸着懒腰问：“干什么去了？”他的话让我有点摸不着头脑。“刚考完英语啊！”“英语？我有点驴了。”那一瞬间，我发现阿杰那双惺忪的双眼突然变得明亮而后又变得阴暗，最后流露出懊悔与不甘。很显然，无论阿杰再怎么懊悔与不甘，都无法改变他缺考的事实，更是无法改变他成为一头驴的传说。

[2]

有人说没有哪些事情是注定的，但是事实却是很多事情是注定要发生的，就像有些人注定要成功，有些人注定要成为朋友一样。大学的第一个暑假，宿舍里只有我和阿杰没有回家——阿杰要准备英语补考，而我则希望能够在大学里做到经济独立。我费尽九牛二虎之力为自己找到了一份多数大学生都能做而又不是特别累的工作——家教。八月，S市的太阳就像是水泵一般拼命吸走人们身上的水分，炙烤着那些为生活打拼的人们。我每天早出晚归，尽心尽力工作，却始终无法在微薄的收入与要独立的誓言之间找到平衡点。令人奇怪的是，阿杰每天也是早出晚归，我却不知道他在忙些什么，因为他根本不用为了英语补考费很大的力气，他只是在等一个补考的机会罢了。

“阿坚，你每天这样累不累啊？”阿杰突如其来的一句话让我感到有些诧异，而他似乎并没有等待我的回答，“通过这段时间的观察，我发现如果在夜市摆地摊可以挣不少钱，并且我……”原来这段时间阿杰一直在寻找“商机”，他发现在夜市摆一个小摊位是不错的选择，投资小回报大，并且他已经找到了合适的摊位以及进货渠道。现在，他只是需要一个合作伙伴，我自然而然地成了不二人选。第二天，我便辞去了那份来之不易的家教工作，和阿杰一起在一条夜市街上卖起了DIY的T恤。

[3]

夏日的夜晚，夜市上人们熙熙攘攘。我们为人们提供DIY T恤的绘画工具，让顾客在白色的T恤上尽情挥毫泼墨，着实吸引了不少年轻人。我不得不佩服阿杰的头脑，这样的一个小摊位给我们带来了很可观的收入，而我也真正做到了经济上的独立。就这样，我们守着夜市上的这个摊位，夏天卖DIY的T恤，冬天卖工艺品，每天的收入足以让我们过上很舒适的大学生活。

爱因斯坦曾说，一个男人与美女对坐一小时，会觉得似乎只过了一分钟；但如果让他坐在热火炉上一分钟，却会觉得似乎过了一年。美好与舒适的生活总是过得很快，当时间的脚步迈到大四时，我突然意识到梦就要醒了。在人山人海的招聘会现场，我和阿杰不知道投出了多少份简历，但却很少收到面试的通知。失望之余我们明白，这些都是因为我们的学校“太低调”了。那一晚，我们没有去夜市经营我们的“生意”。走在S市最热闹的街道，喝了酒的我们像疯子一般大声叫喊着：“为什么？为什么？难道我们就注定一直做夜市的小贩吗？”是啊，我们很清楚在路边当小贩必定不是长久之计，人总要学会改变。

社会的竞争总还是有公平之处的，当它提高准入门槛的同时，也会给人们带来一个可以提升自我的机会。第二天，我们转让了摊位，变卖了所有的存货，考研自习室成了我们新的“生意场”。我告诉阿杰，如果我考上研究生的话，我要到另一个更大城市的夜市摆地摊。“你驴啊，考上研究生学校补助那么好，只有驴才去摆地摊呢。”阿杰似乎对未来充满了信心。

[4]

记得有位师兄曾经说过，大四不考研，天天像过年。我和阿杰已经不敢奢望去过这样的年了，我们必须努力为自己争取一次改变命运的机会。为了充分利用剩下的每一分钟，我们随身携带了一本记录着各种知识点的小册子，只要一有时间便拿出来相互提问，每当回答错误的时候，都会受到对方的鄙视与叫骂：“你驴啊！”这样的声音充斥了校园的每个角落：食堂、走廊、宿舍……当然也常常引来人们各种厌恶的表情和惊讶的回头，而我们却渐渐地发现这已经成为了我们日常生活中一项不可缺少的乐趣。

在经历了不知道多少天没日没夜地学习之后，我们从容地走进了考场，而两天的考试并没有想象中的那么不堪。那天晚上，我们喝了很多，阿杰说：“谁要是喝不下去，就大声喊‘我是一头驴’。”于是在接下来的半个小时，我们像两头驴一样的叫喊声不知道吓跑了饭店的多少客人。阿杰把我带到操场，拿出不知道什么时候准备的一盏许愿灯。我说：“你驴啊，这玩意儿要是管用，我早就买一万盏了，还用每天这样像头驴一样啊！”虽然这么说，但我还是很虔诚地和阿杰一起倒腾着这盏不知道能不能飞起来的孔明灯，就像很多人说明天一定要好好学习，结果第二天还是很投入地玩着各种游戏一样。

[5]

那盏孔明灯在被我们烧了一个大洞的情况下，还是很不情愿地飞了起来，我们双手合十许下了自己在第二天就已经模糊的愿望。

有一句特别励志的话是这样说的：“一个人应该有一个高得离谱的目标，那样即使失败了，也比别人成功。”考研的结果揭晓，坏消息是我们都没有考上自己理想的学校，好消息是我们都被调剂到了比现在的学校好很多的学校，我们有了一个更高的平台。分别的时候阿杰告诉我：“好好混，再也不要像现在这么驴了。”

……

听着电话里阿杰讲完这半年多的奋斗史，我起身向图书馆走去，我仿佛看到了两头在草原上不停奔跑的驴……

梦在高山之巅也能抵达

曾几何起？心中的梦变成了模糊的记忆；

曾几何起？模糊的记忆被无情的现实打碎；

曾几何起？当现实来到面前时，我措手不及。

未来，未来……我的未来在哪里？

遥远的回忆，儿时的梦想时时刺痛我似乎早已麻木的心灵。说是“似乎”，是因为我还能在今天，还能在《我的未来不是梦》征文比赛上，还能用我这双迟钝的手写下我苦涩的心情。我想，如果我的这些心情文字还能重新唤起我的战斗力的话，也不枉我这几个月来对生命的思索。如果这些文字对大家有一点益处的话，呜呼！我无话可说，让泪水代表一切吧！

很小的时候，我就喜欢读书。

喜欢读关于周恩来同志的书。是因为我喜欢周总理那伟大的人格，光明磊落的一生，崇高，在他的身上尤其突出。他不计较自己的荣辱得失，连同他的骨灰都被撒进了祖国的江河大地。他对国家，对人民，连同他的爱情都是一心一意，坚贞不移。

所以，在我心灵的深处，曾立志要做一名伟人，以总理为榜样，以总理“为中华之崛起”的理想为理想。

还喜欢读关于张海迪和张海迪写的书，从这些书的字里行间，我总能找到两个字——坚强。张海迪的一生是不幸的，但又是幸运的。不幸的是她从小身患重病，幸运的同样是因为她从小就重病在身。正因为她的幸与不幸，再加上她的坚强，才成就了日后的她。试想，如果她一直就是一个和你我一样的身体健壮者，那么大家想想她成功的概率会有多大？其实这个问题我们想想自己就知道了，那么请就在这个时刻认真思考一下我们自己吧！

是的，张海迪是一个崇高的普通人。我也曾经想做一个成功的普通人，通过坚强，通过奋斗，打造一个不平凡的自己，开创一片属于自己的天地。

可是，现在，到现在我做了什么呢？我做了什么去实现我的梦想呢？

为了奖学金我勇争第一，是的，我得到了。一学期，两学期……我每学期都是第一。

为了某个荣誉，我奋力奔跑。是的，我得到了，主席，部长，“优干”“三好”，荣誉挂满了全身。

这就是崇高吗？

蓦然，我转身一笑，不屑的一笑。

这样的崇高我最好不要：好累。

还是做一个真实的自我比较好，奖金不拿，荣誉不争。上课想睡就睡，想上通宵就上，想逃课就逃。说我不崇高吗？无所谓。说我犯错误吗？我不怕，反正我还年轻，不是有人说过：犯错误是年轻人的天性吗？……

于是我便放纵着自己，在自己编织的网中胡乱地挣扎。想逃，却始终找不到呼吸的缺口。

回首往事，展望未来，无尽的空虚压在了我的心头，想大声高呼，可声音已变得嘶哑；想努力回望，却发现对儿时已没有了记忆；看看前方，云遮雾拦，虚无缥渺。我就像站在高山之巅，空旷的头脑已没有了方向，眩晕，眩晕……

唉！呜呼哀哉！我到底是怎么了？我是谁？我怎么会站在这里？你们怎么又会坐在那里？

……

忽然，我醒了，啊，原来是一场梦！仅是一场梦而已。我需要梦吗？

当然，不过绝对不是这样的梦罢了！

我相信我的未来不是这样的梦。

走得越远，内心越是从容和平静

如果被人瞧不起算事儿，那我从小到大都在来事儿。谁没低谷过呢？没人会一直顺利。

我就是游戏里survival模式的常客啊。小学入学的时候，我的班主任告诉我妈，你家孩子智商有问题，请带回幼儿园。我妈坚定的不信，然后让我用有问题的智商读完了小学。这个有问题的智商考过几次第一。

初中的时候，因为被路边的野狗咬，要打很久的狂犬疫苗。全班同学嘲笑我肯定之后都会很怕狗，常常模拟狗叫想要吓我。我妈知道以后毫不犹豫地买了一只价格惊人的纯种金毛。后来这些同学找借口来我家吃饭就是为了来看看它。

高中的时候是走后门进去的好班，全班倒数第一。年级主任对我说，你要是以后离倒数第二太远，就去差生班。高考前三个月的时候我是全班唯一被奥赛保送的。一模、二模、三模的时候，年级主任打电话给在家看剧的我，问我能不能回来考下模拟考，增加他们的一本上线率。我一边嗑着瓜子，一边说不好意思，没空。

大一入学的时候我的体重140+斤。新生体检的时候那个体重秤还会报出数字。称完了以为世界末日过了，但是下了称有个男生过来问我是不是200斤了。十个月我瘦到了非常不错的身材，后来我就一直保持健身的习惯到了今天，并在知乎写下了目前25k赞同的健身回答。然后有一次见到这个男生夸我：腿真好看。我说我也挺羡慕你啊，男的能胖出C罩杯的大小。

成功的故事既然只能倒叙着讲，那么被瞧不起就是必经的路程啊。

你的身后会中一个冷箭，说明你走在他们前面。你会被他们伤到，说明你走得不够远还在他们的射程以内。为此你需要往前走，更努力，平静而从容。不要停下来解释自己，要证明别人是偏见，唯一的办法就是证明自己是对的。

我觉得这个世界上没有任何人是可以高到让人高攀不起的状态。所以回答不负责"高攀不起"四个字。另外，我的努力不只是因为别人，是我自己想让我自己变优秀，不是因为别人的眼光。最后，我十分感谢我妈。我相信这些赞很多也是为她点的，谢谢。

另外有人问起我本科是不是光顾着改变外貌而忽视学习本事了？我本科发了两篇paper。我一学物理的姑娘，paper真不是随便就能发。嗯。

最后应对一下评论里，说我是编的or假装的某些：被狗咬这种事，谁没事编这个诅咒自己啊，low吗？奥赛保送这种事你编吗？嘿，不好意思，我还真就拿了奖真被保送了，服吗？减肥40来斤我也希望我是编的，可惜现在的好腿，看18岁以前的照片都惨不忍睹。

我才说了多大点事儿，您就说"怎么可能是真的"——那看来您真的觉得我的人生过得很好啊，谢谢您的认可。我若真想装我还能写个几万字，反正装也不用花钱。

可惜这还都是真的。

并不是目标太遥远，而是你太早选择了放弃

安柏是个慢半拍girl。

她比别的小孩晚说话，牙齿比别人晚长，个头到高三才突然蹿高，情窦啊，都已经25岁了还没开。

她总说，慢点没关系，只要我把手伸高一点，一点再一点，总有一天，我也能摘下天上的星星，虽然可能比别人迟了一点点。

考不上大学，她就重修一年，虽然迟了点，还是和大家站在了一个起点。

800米没别人快，就每天早起跑步，一天多跑一段，时间久了，自然也追上了大家。

刚毕业工作没别人好，就一点点积累经验，最终还是跳槽到了一家口碑很好的公司。

生活就这样被她熬成了一锅细细烹炖的慢汤。

认识李斯的时候，17岁该有的少女心姗姗迟开在了安柏的25岁。

那时候，新官上任的李斯刚和交往了5年的女朋友分手，他话很少，脸上的表情多数都是像刀子般冷冽，这样一只每天把所有精力都投入到工作里的疯牛，毫无缘由地，竟然敲动了安柏的少女心。

安柏和李斯是隔壁部门，她没有表露过对他的喜欢，她每天第一个到公司，会帮李斯把桌子擦一遍，主动申请了工作量，默默地陪李斯一起加班，当公司只剩下两个人的时候，安柏望着50米外还暖黄的灯光，可以发呆一整

个晚上。

刚失恋的男人再加上工作狂的属性，李斯果然没怎么注意到安柏。

安柏从来没有着急过，她偷偷在他桌上放盆栽，下雨天假装多带一把伞，加班的时候会帮他多叫一份餐，慢慢地，李斯知道了这个经常加班的勤奋女孩，加班吃晚餐的时候会和她聊聊天，后来会开始顺道开车送她回家，过了整整一年，他们从不太熟悉的同事变成了可以帮对方照顾汪星人的朋友。

闺密和安柏说，你也老大不小了，要不要再看看别的男人，都当了一年的朋友了，对你有感觉早表达出来了。

安柏只是笑笑说，相比天雷勾地火，我更喜欢慢慢琢磨的感情，我知道我每一天都在更加了解他，而他亦是，很多很多的喜欢积攒多了，这种习惯应该就是爱了吧。

有人说，当你真心渴望某一件事情的时候，全宇宙都会联合起来帮助你。

在认识将近两年的时候，李斯终于爱上了安柏，而且是把那个5年的前任在心底剔除得一滴不剩的情况下，爱上了安柏。

爱情总会来，虽然可能会迟到，但只要能来，那就好。

公司规定不允许办公室恋情，那时候安柏马上面临着一个晋升机会，为了这个机会她也是等了两年。李斯说，先不公布恋情吧，这次的晋升可是你的职业理想。安柏说，我喜欢坦坦荡荡的爱情，等了2年，等到了你，我不介意再等2年，为了另一个理想。

安柏离开了公司，在新公司多花了1年的时间，还是实现了职业理想。

此时，安柏已经29岁了。她和李斯的感情很稳定，照理说一切水到渠成，他们应该结婚了。29岁的大姑娘总是有点着急的，可安柏偏不，她说，她一定要谈满两年的恋爱再结婚，这是她还没谈起恋爱前就有的坚持。

30岁的时候安柏嫁给了李斯，亦是比别人晚了些，他们32岁才要的小孩。

这个凡事都比别人迟了一点点的安柏，最终，还是把所有想摘的星星都摘了下来。

有人说，念念不忘，必有回响，我想很多时候我们不能实现一些目标，都是因为觉得路太漫长夜色太黑而自我放弃了。在漫长的等待岁月里，安柏从来没有放弃过，她一点一点地伸手，一点一点地更靠近星空，最终，把满天的繁星变成了手中一个一个迟到的确幸。

因为凡事都比别人慢了一拍，安柏特别注意保持自己的状态，特别是那双用来摘星星的手，她更是爱惜。

她说，即便是27岁初恋，我也要把一双初恋该有的20岁的手交到对方手中。

她说，即便是32岁生小孩，我也要用一双25岁妈妈该有的手来柔软抚摸我的孩子。

她说，这双为了帮我实现理想而每天奔波的手啊，不让它们变老就是我的感谢。

效仿第二名

美洲杯帆船赛是世界上影响最大、声望最高的帆船赛，它的决赛只有两支船队参加。由本届优胜者挑战上届冠军。有一年的美洲杯帆船赛决赛，由澳大利亚队挑战上届冠军美国队。

在激烈的第五轮比赛中，澳大利亚队因临时出错，比赛刚刚开始，就已经落后美国队37秒。两支船队都使用了最好的船只，都对风向、风速做了仔细的赛前预测，看来，这场比赛，澳大利亚队已经很难取胜。这时，澳方的船长勃兰特做出一个重要的决定。

当时的风速，是有利于在河流的右岸附近行驶的，而美国队已经抢占先机，在河流右边寻得一处顺风顺水的宝地，保持领先地位。此时，澳大利亚队有两个选择：第一，在河流右半边行驶，沿着美国队的轨迹，等待美国队出现失误，再一举超越，但这种情况的出现概率微乎其微；第三，把帆船转到河流左半边行驶，虽然暂时风向不利，但只要风向转变，反而能获得一个占据有利河道的先机。但是转往左半边，无异于一场赌博，如果风向不改变，澳大利亚队会落得更远。

勃兰特跟随了美国队一段距离以后，根据自己对天气观测的经验，判断风向将有可能改变。他果断下令，将船只靠往河流左岸，实时调整船帆的转向，并等待风向的改变。美国队对勃兰特的这种“愚蠢的自杀行为”感到心花怒放。他们认为自己就要走向胜利了。然而，奇迹出现，风向转变了。澳大利亚队很快追上美国队，并以领先1分47秒的巨大优势，赢得了这场比赛。

在博弈论中，有这样一个“效仿第二名”的假设：如果你是第一名，你去模仿第二名的策略，就能保持领先。假使美国队在发现澳大利亚队将帆船转向左侧的时候，也随之调整到左侧，他们仍然还是领先地位。当风向转变时，也会将澳大利亚队抛在身后。可惜的是，美国队并没有这样做，他们认为澳大利亚队选择了一个愚蠢的行为。

第一名常常存在一个“心理疏忽”，他们认为第二名的能力不够或者运气不佳，或者认为第二名正在采取的是一种愚蠢的策略。他们是不会牺牲优势地位来效仿第二名的。

而第二名能够超过第一名的机会，也就在于此。正如勃兰特船长所做的，第二名的暂时劣势，反而给他带来一种策略上的主动。他冒险改变航道，换回的是有可能一举超过第一名的机会。很幸运，他成功了。

一个人生活的广度决定他的优秀程度

每年要去一个陌生的地方。这是我对自己的一个要求，也算是一个规划。这个习惯似乎从小就有，一直持续到现在。直至今日，我每年都会和孩子们一起去一个陌生的地方，对我来说，用学习的方式来旅行已成为一种传统，而它的意义在于自己的成长。

[“了解整个世界”无疑是每一个旅者内心的动力]

世界越来越小，我们几乎每天都在和陌生人打交道，都在熟悉各种的第一次。孩子们身处的世界已经成为了一个家庭，科技让我们的国籍变得模糊，让通信变得快捷，让我们不得不适应各种多变的社会环境。所以，孩子们的将来必定是和各种国家不同文化背景的人在一起工作和生活，所以，了解整个世界也成为了他们的必修课。前不久，由教育界、商界领袖共同组成的“美国新劳动力技能委员会”刚颁布的21世纪人才的四大技能中把“了解整个世界”作为首项标准列举出来。

世界有太多的内容需要我们去熟悉和探索，绝对不仅仅局限于学习他国的语言。语言只是一种工具，比它更重要的是学习陌生的文化与历史，他国的人文与生活。所以，孩子们和我一起品尝其他国家的食物；熟悉交通路线和公共标志；欣赏形式各异的建筑；体会种类不同的宗教现象；体验和陌生人的相处；适应各种气候状况；甚至是那里的空气中弥漫的不同味道。

到一个陌生的地方，总会听到孩子们这样的话，这个和我们那里不一样，这个一样，也总会比较，什么地方好，什么地方不好。我们在这样的比较中睁大了自己的眼睛，扩张了自己的毛孔，也扩展了彼此的胸怀。

当我们看到的世界大了，才能更加宽容，才能更加坦荡。实际上，接受彼此的不同，尊重相互的差异已经成为“了解世界”的重点。

[了解世界的方法是每个人整体能力的提升]

了解世界的方法有很多种，通过书籍、影像资料和别人聊天都能让我们了解世界，但哪一种都没有身临其境的学习更重要。古人云：读万卷书不如行万里路，行万里路不如阅人无数。而我们的一贯做法是“行万里路前读万卷书，行万里路中阅人无数，行万里路后思索回顾”。

每次到一个陌生国家之前，我们都会和孩子们一起进行长达一周的培训，其中包括语言、文化、当地情况和摄影技巧。印象很深的是去意大利之前的一个月就让孩子们开始阅读相关的书籍，并且在培训中很好地让孩子们对文艺复兴有基本的了解，和孩子们一起分享了卢浮宫的神秘和拿破仑的传奇。简单的语言培训让孩子们可以自己通过海关简单的询问，可以让他们自己找到方向，而当地公交行政标志减弱了他们的陌生感。

到陌生的国家之后，孩子们开始验证之前获悉的资料是否和眼前的一切吻合，开始在陌生的城里使用那些自己熟悉的工具开始行走，开始和当地人和事之间有了碰撞和交流，开始需要借助当地人的帮助来完成一件件我们事先策划好的任务。在陌生的城市，一定要融入他们真实的社会。

我还记得在慕尼黑他们使用地铁公车的运用自如；在柏林到科隆火车站转

车的时候他们的忙中有序；在玛丽娅广场写毛笔字引来老外们的围观；在罗马奔波于各种喷泉之间完成城市任务；在菲森的草坪上和外国小孩们踢球。只有让他们充分自由地接触这个社会，在交流的过程中充分调动自己的沟通能力，加强团队合作，才能真正提高自己。

孩子们需要和当地的人接触，更重要的是要用当地人的方式生活，使用他们的交通工具，看他们经常去的博物馆，不仅仅是在那里走马观花，而是停留在那里，认真地欣赏，如同我们在卢浮宫整整待了三天，相比较旅行团对于“卢浮三宝”的照相工作，我们是何等的自由。夜晚，我们在埃菲尔铁塔前草坪上游戏，看到这个雄伟的铁质建筑夜晚的亮灯后，踩着巴黎夜晚的灯光晃晃悠悠地坐着地铁后来青年旅社。

和孩子们“浪迹”在国外的日子里，总会遇到人问：“你们是韩国人？日本人？”

在这个与世界接轨的过程中，我们的旅行也需要与世界接轨。

带着激动和疲惫、收获与成长，我们完成了旅程，但这并不是一个结束，我们离开了那里，但却把对陌生国度的思考也一并带了回来，除了留在脑子里的回忆，我们还有日记、明信片、相片，我们还有各种类型的小组讨论，这些都会让一次旅程的收获变得更长更厚重，直至我们下一段的重新开始。

[“认识自己，了解世界”]

每一次到陌生城市或者国家，从学习和成长入手的旅行方式都能有效地帮助孩子们在大脑里构建自己的思考模式，他们知道在陌生的地方需要向哪些机构需求帮助，他们知道如何运用自己的资源去完成任务，而当一个人处于陌生环境下，他的优点和弱点都会显示得异常清晰，这无疑给了我们一个认识自己的机会。不仅是孩子们，每次，当我和孩子们面对这样的陌生冲击时，我也在成长，我也每一次都看到了更加清晰的自己。当孩子们在成长中一次次地面对陌生的环境，那么，当他们长大后要面对的各种陌生环境都不会让他感到害怕，因为他已经拥有了属于自己的一种模式。

很多人会说，孩子太小了，让他们在七八岁出国他们能记住什么？更别说是低幼的孩子了。他们什么都不懂。其实，这是我们对孩子们的误解，通常情况下，我们判断一个人是否获得什么，我们会通过他的表达或者他的改变作为判断的标准。但对于一个生理和心理成长期的孩子们来说，他们的表达能力不足以让他们清楚有效地表达他们的收获反映他们的成长，于是大人们很武断地说，他们年龄太小了，对他们来说没有用，以后都记不得。其实，也许对于一个四五岁的孩子来说，等他到10多岁的时候他不记得的，但对于他在接下来一年的成长绝对意义非凡。也许我们不用带他们出国，但是经常到不同的环境看到、听到、感受到一样和不一样，能适应各种不同的交通工具，能在陌生喧闹的人群中鼓起勇气去听、去看、去感受，本身就是一种成长。

哈佛大学的一任校长曾经说过，一个人生活的广度决定他的优秀程度。从小开始的一种旅程是扩展生活的广度的起点，我喜欢那句话——life is not a destination,but a journey。

为你的成功找对方向

1990年，拯救儿童国际组织指派史坦宁到越南成立办公室，希望他在六个月内，协助解决当地儿童营养不良的问题。

史坦宁到了越南，从政府官员和专家学者口中，听到儿童营养不良，起因于公共卫生差、平均收入低、乡下人民教育不普及等。问题看起来复杂庞大，即使有六年的时间，应该都解决不了。

他决定，不要忙着解决问题，先想办法复制成功。

史坦宁到一个乡下村庄，测量每个孩子的身高体重，找出其中家境不好，却长得比别人高壮的孩子。

结果他发现，高壮的孩子在同样艰困的环境中，有着跟别人不同的生活方式。这个村里的人民，一般人每天只有钱吃两餐饭。高壮的孩子家并不比别人富有，妈妈一天能煮的食物量一样多，但是她们把它分成四餐。

一般村民的孩子每天吃两餐、每餐平均分量较多，然而因为孩子长期营养不良，肠胃没办法一次消化吸收那么多食物，因此多吃的部分无益。反而每天吃四餐、每餐平均分量较少，孩子长得比较好。

此外，一般村民相信，孩子知道自己有多饿，一大锅饭菜端出来，全家人各取所需。但是高壮的孩子的妈妈，会先把他们的饭菜分出来，确保孩子吃得饱。遇到生病等特殊情况，妈妈还会一口一口喂孩子吃完饭。

最后，一般村民的孩子不吃虾、螃蟹和地瓜叶，前两者被视为大人才吃的东西，后者被视为喂牲畜用的低等食材。高壮的孩子的妈妈则不这样想，她们在田里捞出小虾小蟹，把地瓜叶剁碎全部加入白米中煮，增加了孩子的蛋白质与维生素。

发现高壮的孩子的秘诀，史坦宁将之推广到整个村落。这些做法其他村民都做得到，而且可以持续做下去。以前很多专家写过各种计划都没有成功，现在仅复制高壮的孩子的生活习惯，六个月后，村里65%的孩子营养不良改善。最后，这套做法总共影响了越南两百多万人。

这是《创意黏力学》一书的作者希思兄弟，二月再度联手出版的新书《转变》所举的一个例子。希思兄弟以此说明，改变要有进展，需要有明确的方向，告诉参与的人往哪里走、如何做、目的地在哪，因此，找出成功的部分非常重要。

当大脑需要专注在解答时，大家往往把力气放在问题上。希思兄弟建议主管，问问自己花多少时间在解决问题，又花多少时间在扩大成功。

史坦宁说：即使在失败中仍然有成功的部分。当初如果不是看到那些部分，他可能待在越南20年，都还没有太大的成效。

第六章

循序渐进的努力更可靠

每天进步一点点，才能成为更优秀的人

[1]

你可以暂时不优秀，但不可以一天不进步。

每次我异想天开的时候，我的酒鬼师傅就会这样教训我，目的是为了让我能沉下心好好修炼。

外面的花花世界实在是太精彩，太诱惑人了。听说阿里山庄的马庄主，双十一一天就斩获了一千多亿的银票。万达帮的王帮主，随随便便就要让人定下一个亿的小目标。还有华为宗的任宗主，打败了几家跨国帮派，现在隐隐有引领整个行业的趋势。

可是我呢？只是个无名小卒。其实我的要求也不高的，我不求能像他们那样，名满天下，我只求能有一个自己的小帮派，然后每天听手下叫我一声帮主，我就心满意足了。

老酒鬼还有一句经常教育我的话，“你一定要努力，但千万不要着急。”也不知道他都是在哪儿学的这些话，我猜他一定经常看鸡汤文。

老酒鬼教给了我许多他口中的绝世武功，但我却从来不叫他师傅，都是直接称呼他老酒鬼。他也不叫我徒弟，直接称呼我为小子。

老酒鬼爱喝酒，喝醉了以后还爱吹牛。这天他又喝多了，我知道，今天我的耳朵又要遭受到他的摧残了。

我以为他又会老不正经地和我说他以前的风流韵事，没想到这次，他竟然一派正经地给我讲了一个故事。

［2］

你知道星空宗么？就是现在武林第一大帮派的那个。现在的武林盟主，号称天下武功第一的星空宗主，其实是我师弟。

老酒鬼，你喝醉了，别说了，赶快睡吧。真是受不了你，还星空宗主是你师弟，你怎么不说你自己就是星空宗主呢。

小子，你别打岔，听我说。

老酒鬼发怒了，这还是我第一次见到他发怒。平时的他确实是有点为老不尊，和我也总是吵吵闹闹的，但从来没有发过脾气。看着他愤怒的表情，我也有点怵，就老老实实地听他说了起来。

30年前，当时的我年龄和你差不多，青春年少，风华正茂，正是急于想表现自己的年纪。

很小的时候，我就拜入了星空宗，成为了上代宗主的徒弟。我看着外面的花花世界，看到那些牛哄哄的武林高手，觉得拜入星空宗的自己，未来一定也会成为一个很厉害的高手。

你一定有过这样的经历吧，自己从来都没努力过，却总是幻想着自己突然就成为很优秀、很厉害的人。当时的我就是这样，别的师兄弟都在努力地练基本功，我却费尽心思地讨好我师父，只为了能得到他的真传，这样我就可以一步登天，直接学习高深的武功了。

上天总是很公平的，我不努力练基本功的结果就是在年末，功力评测的时候拿了个倒数。当时的我明明知道通过努力练基本功，就可以摆脱倒数，但我却依然觉得这些基本功没用，我是要学习高深的武功，成为高手的人，怎么能把时间浪费在练习基本功上呢，有这时间，我还不如多睡会觉呢。

很快的，我们就被派到江湖上，开始历练。

到江湖上以后我才知道自己的不足，我除了能拿着星空宗这个虚名狐假虎威以外，随随便便出来一个小门小派的人就把我PK下去了。

这可真是个悲伤的事情啊！

[3]

慢慢地我发现自己离高手越来越远了，这让我感到很恐慌。更让我感到恐慌的是我喜欢上一个姑娘，姑娘也很喜欢我，但她家人却让她比武招亲。

比武那天我去了，最后是我师弟，也就是现在的星空宗主抱得了美人归。当时我悲伤，愤怒，痛恨。

悲伤的是自己心爱的人要和别人结婚了，愤怒的是新郎是我师弟，痛恨的是自己的无能，连自己师弟都打不过。

从此以后，我就离开了星空宗，开始了一场自己一个人的修行。

我苦练了20年，终于大功告成。我要做的第一件事，就是要去挑战天下第一的星空宗主，也就是我师弟。

决战是在星空宗的后山进行的，不得不说，星空宗主的武功确实是高。我苦练20年，本以为没人再会是我的对手，可没想到我们竟然不相上下。

我不甘心，我20年的努力不能白费，我说什么也要打败你。最后我故意漏了个破绽给他，没想到他果然上当了，当他的剑刺中我的手臂的时候，我的剑也刺向了他的心脏。

我本来想剑刺到他的身体就停下，毕竟我只是想赢他，不想杀他。就在我马上要刺中他的心脏时，突然他的妻子冲了出来，挡在了他面前。我也因为收手不及，直接刺穿了她的心脏，当场毙命。

当时我都傻了，我想不到她会奋不顾身地替他挡剑，我也想不到自己会亲手杀了自己曾经最爱的人。

[4]

你知道我为什么要教你武功么？就是因为我看到现在的你和当年的我是那么的像。该努力修炼基本功的年纪，却因为受到花花世界的影响，变得越来越浮躁。

明明知道不可能一下子成为优秀的人，却不愿慢慢来，总是幻想着能有什么奇遇，从此平步青云。

小子，努力练好你的基本功吧，不要嫌枯燥，因为这是你通往高手的路上必须要经过的，没有任何的捷径可走。还有最重要的一点，就是不要像我一样，因为自己的不努力，导致心爱的女人都娶不了。

“唉。该死，今天不就是那个女人的忌日么！都这么多年了，为什么到这一天还是会很难受呢？不说了，睡觉了。”说完，老酒鬼就自顾自地回房间睡觉了。

看着老酒鬼的背影，我陷入了深深的思考当中。老酒鬼说的每句话都像锤子一样，敲打着我的心。我确实是被花花世界迷住了眼，进入了一个恶性循环。想成为高手，想成为优秀的人，不努力学习，却想着一下子就成功。没成功就开始焦虑浮躁，越这样越不想努力学习。这个可真不是一个好的事情。

你一定要努力，但千万不要着急，现在的你可能不是很优秀，但我相信，只要你每天都进步一点，我相信最后的你一定会成为一个很优秀的人。

压力不可避免，但仍不影响你努力的节奏

压力，这个词让很多人感到恐惧。胜者在压力下茁壮成长，而败者则害怕压力。

什么是压力？我对压力的定义是：你必须做一些你不准备去做的事情。如在一场足球大赛中，你必须踢进一个点球才能获胜，而你却没有准备去踢这个点球，那时你就会感到紧张，很有压力。但是，如果你已经为此做好了准备，那么你一定会迫不及待地向人们展示你的能耐。

这就是胜者期待压力的原因，压力会带出他们的最佳状态。反过来说，如果你没有准备好，压力会让你受到伤害，它就能够控制你。所以说，压力是一种态度，10%是发生的事情，而90%是你如何处理它。请不要像我的朋友马克那样。人们习惯称他为“拼图”，因为他每次面对问题的时候，都会变成碎片。

职业网球手比利·珍·金说：“赛点令人又爱又恨。‘哦，上帝，我这是在干什么？’以及‘就是它了！这就是我一直在追求的。’我知道，这就是我要付出代价的原因，这就是想当冠军所要经历的。接受那一刻的挑战：赛点！”

要在人生的任何阶段夺冠，你就必须学会处理好压力。如果在精神上和体质上都已经做好了准备，那就不需要担心了。

有一次演讲时，我重述了我最喜欢的格言之一：“熟能生巧，这不是真的。应该加上一个字，即巧练能生巧。”我多么希望这个格言是我创造的，但事实上却不是，它是传奇职业足球教练文斯·隆巴迪创造的。

我一生中，请了无数教练来拓展我所具有的天赋。我请过教练指导我的公开演讲、写作、创意、创新、跑马拉松、高尔夫球、网球、滑水、游泳、保龄球、篮球等等。为什么我要请这些教练呢？因为，无论我有什么天赋，无论我有什么潜能，那都是我本身具有的，我无法做得更好。但是，我仍然尽力去做，借助于我能够得到的最佳帮助。

如果我要做一个项目，我会制定一个时间和行动日程表，尽力找到最好的教练，然后尽我最大的努力，专心致志，将我所有的一切全部投进去。我会感到有压力吗？是的，但我会把它用到我的优势上，我会尽量做好准备，别无他法。

研究表明，应对压力的关键方法之一，是对感觉的控制，而做好准备能最好地控制感觉。以美国国家航空航天局为例，该局让其所有宇航员都经历在太空中可能遇到的各种情况。有谁能想到远在数万英里以外的太空会发生什么事情呢？月球与地球之间的距离就大于238,000英里！是压力吗？你最好相信是压力。但是，他们已经做好了准备。如果你已经熟悉将要发生在你身边的事情，那你就会有强大的自信。

让我们来面对压力吧。无论你是什么人，你都会身处压力的环境之中。压力是无法避免的，但请你不要恐慌，不要失去冷静，要集中精神，回归到基本面，找回你的自信心。

其实，这很简单，尝试放松地深呼吸。深呼吸能够让氧气更有效地进入血液和大脑，帮助你更清晰地思考问题。

不要为你无法控制的事情感到紧张。每个人偶尔都会遇上逆境，尽力将其摆脱就是了。学会欣赏逆境，这将会使你变得更加强大。

请尝试放松。比这更糟糕的事情都有可能会发生。

给自己的心分出一点点轻松的时间

毕业这五年，我在很多人羡慕的一线城市奋斗，我在很多人仰慕的行业巨头500强公司工作，我有把爱好做得蒸蒸日上也足够幸运。经济不再拮据，生活不再慌张，稳定而幸福的感情，家人幸福健康，每天过得安静有序。可就是这样看上去很带劲的生活，我也仿佛能一眼看到底。

生一个孩子，为孩子的成长奔波；再上20多年的班，便可以退休享受生活；继续每天爬格子写文章，可有一天我终究会慢慢长大，人生会进入新的篇章，也会有更多的角色和人事，抵御困难的能力愈加强大，热血和冲动也会变成最平常的力量。那么，我的人生，就这样下去了么？我年少时内心曾装着整个世界，可现在怎么仿佛连条能看得远点的路都没有了呢？

想想自己和周围的朋友们，仿佛每个人都在经历一样的人生阶段。毕业刚闯进社会像一只没头苍蝇一样毫无头绪，过几年生活稍微好点又开始着急买房、买车结婚生子，再过几年，像身边的很多事业有成家境富裕的朋友们一样，物质上的一切需求都已经满足甚至超额，生活瞬间没有了目标而郁郁寡欢。越往前走，生命的枷锁越来越多，我们都无法在下一段旅程开始的时候放下之前的负重，比如名声、钱财、成就与骄傲。

我们的见识越来越大，可内心的世界却越来越小，最后就只剩下刷微博，刷朋友圈，日渐长成了我们曾厌恶的样子。在工作几年后，职场生活开始进入单一的方向，一旦发生一些困难，内心就很容易产生绝望，生活又恰好转到了房子、车子、孩子的世界里来，压力和焦虑便成为了生活的主旋律。年少时内心的全世界，见鬼去吧，那都是幼稚小朋友们心中的事，可事情真的有这么糟糕到无法挽回吗？

有一天早晨醒来，我决定要改变一下这种状况，我尝试清空自己的大脑，忘记以前的事情，忘记之前所有的成绩，假使自己是另一个人，我想看看这另一个人不带枷锁的生活究竟能变成什么样，这听起来有点灵异。我让自己以一张白纸的状态不带有任何目的看很多平时不看的书，比如木工、自然、生命轮回、通灵、精神病学、医学等，之后尽力用无关商业和功利的思维听内心对自己做出的下一个阶段的判断。

我给内心放了这样一个半年时间的假，完全为了好奇心，而不再是为了所谓的目标去接触周围陌生的东西，内心慢慢彻底放松，才发现自己未知的路其实有好多好多，要学习和进步的地方也太多了，眼前的世界一下子大了起来。这种不断捕捉的未知，看起来很像什么都喜欢，什么都只尝试一下的行为中，发现内心未来的新方向，以及自己这五年所塑造的自己，究竟可以用怎样的姿态来迎接未来的世界。

这个过程让我开始反思过去的生活。我们每做的每一件事都有明确的目的，没达到目标就是人生的失败，可究竟什么是成功？我们的眼睛里只有一个又一个的目标，可世界是那么那么大，是否可以尝试一些毫无目标只单纯喜欢而已的事情呢？对于我来讲，让自己归零，忘记曾经的自己，是真的忘记，重新开始，姿态的降低，内心的谦逊，用孩子一样的眼睛和好奇心去观察周围的世界，会让自己每天都有新发现，新收获，看到未知世界的奇妙与惊喜。

我们内心的十字架，其实都是自己给自己的，想放下就是分分钟的事儿，只是我们都不想放。心里觉得劳累和辛苦的时候，给自己的心分出一点点可以没有功利和商业的地方，才会有新鲜空气进来的地方，也才会让生命在固有的枷锁里探寻到新的方向和可能性，对新鲜事情的好奇心永远不停止，才会永远年轻，永远热泪盈眶。

不能成为优秀的别人，但可以成为更好的自己

北京王府井地铁站，满屏都是王珞丹为NIKE拍摄的广告牌，画面中的王珞丹素面朝天、眼神坚定，全神贯注地练习一个舞蹈动作。一直觉得演员这个职业很光鲜，需要把自己最好的一面呈现给观众。看到王珞丹的一篇叙述自己学习舞蹈的经历，原来再优秀的人也会遇到自己的短板。是的，很多人再抱怨自己没有天赋的同时就放弃了努力，但不去做，你怎么知道自己不可以？

我小学同桌，有天跟我聊起太阳真好，随手就拿铅笔画了一个正圆。真的，我后来用圆规测量过，钉在圆心划一圈，一丝不差，就是正圆。这个事实像毒辣的日头一样震撼了我。渐渐地，我发现世界并不公平。比如，一些人天生能听出细微的音高差别，恐怖的地方在于，他们能听出来的节拍，我连概念都没有。

我也非常希望有天赋，最好是舞蹈的天赋。6岁那年，第一次站在舞蹈室中央。妈妈送我进门，很用力地看我一眼。这一眼信息非常庞大，包括了：孩子啊你从小到大撒野撒得我本来都麻木了，但很快要上小学了还是希望你最后一搏，做个知书达理跳舞棒棒的好姑娘，妈妈爱你，你要是不好好跳今天晚上你就跟你爸一块吃素菜，看完新闻联播就去睡觉，懂了吗。

我懂了，所以当时的我脚步沉重。老师教我们平转，所有小朋友都能按照轨迹旋转，只有我转得跟没头苍蝇一样，满教室十来个同学，快笑弯了腰。这个“笑声”砸碎了我对天赋的妄想。就这样，从6岁起，我就明白了，一旦舞

蹈，就会听到鼓掌似的嘲笑声。

那一年，我放弃了学习跳舞。17岁考上北京电影学院。艺考展示，大部分女同学都选择了舞蹈。芭蕾、民族、古典，甚至爵士、街舞。我偏执地唱了一首摇滚，那时觉得自己酷毙了。一次汇报演出，学姐在舞台上跳了一段双人舞《牛背摇篮》，魅力四射。

我不羡慕徒手画正圆，不羡慕背诵《红楼梦》，但我羡慕这些舞者，羡慕得贯穿整个青春。20多年过去了。别人眼中的我事业小成，可以尽情做自己喜欢的事。其实，生活的每一天都充满挑战。一次工作的机会，我又站在舞蹈排练厅。不是必须要做，是自己选择。

我无法克服对舞蹈的渴望，即使我毫无天赋。试了试，果然还是不行，比想象中还要难。满堂寂静，笨拙的我站在训练厅中间。自己沉重的呼吸，像鼓掌一样告诉我表演结束。真的要结束吗？我想跳舞。我喜欢跳舞。那么，再试试。动作依然不标准。

可是，汗水从脸庞滴下时，为什么比镁光灯下穿着礼服的自己更开心？一个月的训练，我自然地融入整个舞队。你要问我，现在已经像个专业舞蹈演员了吗？并不，还会有身体的不协调，还会有跟不上节奏的时候。

但我和队友一起笑，汗水从额角刺入眼睛，笑这个笨笨的很努力的自己。我终于可以不顾忌别人的眼光，勇敢站在舞群中秀出自己。这是最大的快乐。是，我没有天赋。但，我也能更好。每一个人，都不可能成为优秀的别人。至少，我们可以成为更好的自己。

谁都不能妨碍你成为一个精彩的人

办公室里坐在我对面的梅子是一个妙人。快40了，还那么讲究：体重严格控制，衣服合理搭配，头发每天一洗，鞋子必须无尘。办公室的抽屉里，杯子就有四只，分别用来喝红茶、绿茶、花果茶、咖啡。用梅子的话说：“我是一个有纪律的人。”办公室不忙的时候，大家嗑牙的当儿，梅子就学英语。问她有什么用，答曰：“喜欢英语的优雅流畅。”

看到梅子，总是让人神清气爽。她的原则是女人无论什么时候都不能放弃自己，都要有自己的精气神：“老了，失恋了，离婚了，没升职，都成了自暴自弃的理由，这哪成！多大点事儿呀，就这样赖地上不起来，太娇惯自己了……”对于梅子的妙人妙语，我佩服得五体投地。谁也没想到，就这样一个精彩的女人，老公还会旁逸斜出，继而婚变。

她的老公是我们系另一个教研室的主任。故事情节很老套，第三者是海藻一样的年轻姑娘。怀了孕，主任选择对她负责。梅子利落地离了婚。办公室那些天气氛尴尬：两口子都是我们的同事，她老公还是不大不小的领导，对于这件事，大家只能三缄其口，不予置评。再想想梅子之前说过的那些什么自暴自弃的话，不禁想：这不是一语成谶吗！

梅子却真的不是纸上谈兵。离婚后，对前老公的出轨种种，梅子没在背后说过一个“不”字；前老公举办婚礼迎新人，我们教研室的人为表达自己的立场，一致决定不去参加。她劝我们参加，说怎能因为她一个让全系的人尴尬；

时间多了出来，梅子去练练瑜伽，学学画画，妆容也更加精致。离婚后的她，愣是没露出灰败的景象来。

话虽如此，我还是为梅子的将来担忧：快40了，还带着一个十几岁的女儿，难道还能嫁一个同龄的青年才俊吗？梅子私下里跟我说："小雅，别为我发愁。经过这件事，我发现：真正的幸福，是自己给的。"我相信梅子的能力，即使不嫁人，她也可以继续做她的精彩女人。可别人不肯。这个"别人"，是我们学院的一个来自美国的外教。我们叫他奥斯卡。

奥斯卡比梅子小两岁，来中国是因为想学习中国的文化，等做够三年，还得回美国继承家族产业。他说梅子"太漂亮啦"。英俊的眼睛里毫不隐瞒对梅子的爱意。对于梅子的女儿，老外毫不介意："都是上帝派下来的天使。"一个又豁达又有趣的男人，充满美国风味。

如今，梅子把女儿提前送到了美国去读书，梅子也正在办各种手续，只等奥斯卡期满，就一起飞往大洋彼岸。而美国的准公婆，已经帮梅子申请好了大学。到了美国，她准备去攻读心理学的博士学位。梅子的眼里流光溢彩，跟我说："我们有爱情。"真相终于大白。生活之所以给梅子开这么大一个玩笑，是因为她身边的那个男人和她已然不再般配，当然要给她换一个，否则怎么行？你只管负责精彩，老天自有安排。

你不能看不起自己，也不能太看得起自己

前阵子有个很久没有见面的前同事约我吃饭，叫小雯。家在北方，毕业后一个人南下广州工作。

印象里她是个很瘦弱也很脆弱的人，经常因为生活和工作的种种而一脸愁容。面对过大的工作压力会掩面哭泣，面对上司的严苛会默默流泪，闲下来的时候也会经常跟我们抱怨家人和朋友们对她的不满。大家一开始会安慰她，后来发现安慰起不了多大作用后，都只是默默听着。或许正是因为这些负能量，她在公司留下的朋友少之可怜。

我们电话约好在离我家很近的餐厅见面，当天她来得很准时，见到她的时候我很意外，她与印象里的小雯截然不同，嘴角总是饱含笑意，说起话来也是神采飞扬，连谈话都变得轻松自在。交谈中才知道，她现在和同事们相处变得很好，每天都很努力地工作和学习，并且得到了上司的赏识也升了职。一切似乎都美好起来。

分别的时候我忍不住问她是什么让她改变了，她很不好意思地笑笑：经历了才知道，以前的我太矫情，要想战胜脆弱，还得苦其自身。

回家的路上，我陷入了沉思。其实这种情况我们都曾遇到过，像小雯同样脆弱的人，生活里随处可见。

不知道你们有没有过这样的时刻，在辗转难眠的深夜打开手机翻出一排排通信录名单，竟然找不着一个可以倾诉的人。又或者在情绪不好的时候打开了

好朋友的对话框，敲下了很多很多话，在摁下Enter键时缩手犹豫，然后一个字又一个字的往回删掉，也不知道这个往回删的过程是不是就叫作成长。

但开始明白，每个人都会有赶不走的阴郁和这个年纪的烦恼，何苦为人徒增负能量。即便心中汹涌澎湃，也要开始学会独自承担和坚强。一时的安慰的确可给予人短暂的温暖，但也能让长久筑起来的堡垒瞬间崩塌，让场面变得更加难以控制，甚至让情况糟糕得一发不可收拾。

不是每一次跌倒都有人扶着你站起来，通往美好之路并不容易，一味地放任，只会令我们脆弱得不堪一击。面对生活那份淡定需要慢慢积累，坚强乐观的生活态度不是与生俱来，更是需要独自承担。

做人首先要看得起自己，但是不要太看得起。很多抱怨和牢骚看得过重不仅给自己徒增无趣，同时还牵连到别人。站在远处看自己真没那么凄凉没那么多舛，与其夸大事实赢得同情，不如放宽心态让其淡去，那么下次他人的理解和体谅你会懂得更感恩和淡然。

让软弱和自己独处，时间和生活会教会我们自己弥合伤口。情绪糟糕的时候为自己买束鲜花；捧着爆米花看一场电影；又或者听一首许久没听过的老歌；实在想哭就在家好好哭一场，总要去找到当下最合适的方式来化解情绪，心中才能慢慢回复柔软，而那些阴郁和风雨，别怕，它们总会过去。

一味地用眼泪和脆弱来逃避问题并无多大作用，哪怕是硬着头皮去接受和面对自己不愿面对的事情，过后才发现那是前进路上的一块垫脚石。

生活是这样一件甘苦自知，敝帚自珍的事情。你若愿苦其自身，才能掌声雷动。

找到属于自己的努力节奏

都说男人结了婚容易发福，我不是例外。尤其是在太太有了身孕之后，家里的伙食标准陡然上升了一截，加之太太在孕早期的胃口一时一变，家里那些美味可口的饭菜最终大都由我包揽。于是，我的体重日渐上升，肚子变得滚圆，下巴堆成了两个，俨然一副40岁大叔的身材。肥胖的体型开始让我有些犯愁，“我要降体脂！”这是我2016年年初制订的新年计划中的一个。

降体脂的方法之一就是做有氧运动，比如说跑步。跑步地点就定在了家附近一所学校的露天体育场，毕竟校园环境相对于马路来说还是清心惬意的。于是我加入了学校的夜跑大军。

一天下午，下班后我按照惯例驱车来到了学校体育场。因为下班稍微晚了些，停下车后已经是下午六点半，这会儿体育场上的人已经开始慢慢多了起来。我换上运动装，戴好耳机，听着富有激情的音乐，简单地做了几组热身运动之后便开始沿着跑道跑了起来。手机里播放的是刚刚下载的运动单曲*WeRunTheNight*，我的身体跟着律动的节拍开始摆动，此时我内心的感觉是爽快的，是热血澎湃的，感觉自己轻轻松松就能拿下一个马拉松。可是一如既往，当我跑到第二圈的时候我又开始喘了，是的，你没看错，就是刚刚第二圈，我就开始喘得不行不行的，脚步随之慢了下来。很明显，因为我又胖了，我才变得比以前更容易透支。

就在我挣扎着考虑要不要停下来走一走的时候，一个身穿玫红色紧身背心和黑色运动裤的姑娘从我身边擦肩而过，速度不快但跑得明显很有节奏。她的头发高高的盘起，同样也戴着一副运动耳机，步履轻盈得就像一只奔跑的小鹿，暂且就称她为红衣姑娘吧。我心想，怎么也不能让个姑娘把自己给超了，于是心一横，我紧赶了几步向前冲刺了50米，很轻松地把姑娘落在了后面。可毕竟我有限的体力还是支撑不起日渐增长的体重，慢慢地，我紧赶的步伐又缓了下来，一边双手掐腰喘着粗气，一边半走半跑挪着步子，心想跑步这事还真的不是坐在办公室里想象的那么简单。正当我决定停下来慢走一圈的那一刻，红衣姑娘又一次从我身边跑了过去，还是那个速度和节奏。“超就超吧，哥们先走一走缓一缓，等下体力恢复了再赶上你然后再套你一圈……”我心里不屑地盘算着。

接下来我开始一边走一边观察着跑道上三三两两的人群，他们有的在一边慢走一边交谈，有的时而奔跑时而停下，有的跑得大汗淋漓，有的跑得漫不经心。跑步真的是一件很有意思的事情，它不但可以把你的体力、耐力和速度暴露无遗，还可以将你的性格从你跑步的姿势和神态上展露给别人。约莫走了两分钟后，我觉得自己喘得不再那么痛苦，体力貌似又恢复了一节，再跑跑吧，眼睛不由得在体育场上寻找着那位刚刚超过我的红衣姑娘，心想这会我一定要赶上她。在前方扫了一眼后我没再看到她，我想她大概已经跑完回去休息了，结果这会儿一道红光从我的右侧闪了过去，没错，就是那个红衣姑娘，她又一次超过了我，还是那个匀速奔跑的节奏。接着我发现我已经被红衣姑娘无情的、华丽丽地套了一圈！我此时的心情是奔腾的、是翻滚的，这姑娘是兽么？为什么她一直在跑，跑得还那么有力气、有节奏，关键是她从来就没停下过，她还一直保持同一个速度！此时的我已经完全放弃了追赶红衣姑娘的念头，这个明智的决定也在后来我又被姑娘套了两三圈后得到了印证，因为以我目前的体能是根本追赶不上她的，何况我跑在最内侧跑道而她却一直跑在第三跑道。

于是我开始给自己寻找各种看似冠冕堂皇的理由来表明自己追赶不上红衣姑娘的原因，譬如我今天感冒了，鼻塞难受呼吸不畅；譬如我刚刚跑了几天，身体还没适应长距离奔跑；譬如今天穿的裤子腰身稍微有些松，我不得不跑几步就提提裤子；譬如这姑娘该不会是专业运动员吧；譬如今天中午我吃得比较少，这会儿体能跟不上；再譬如我戴的眼镜不是太紧，出汗之后我不得不一遍遍去扶正它……

最终，在我找遍各种理由之后，我忽然明白了一个道理：如果不努力，那些匀速奔跑的人你永远都追不上。

匀速奔跑的人是那些可以掌控自己的人。他们会找到属于自己的节奏，在相对较长的一段时间里按照这个节奏去掌控自己。某一年你跟朋友出国旅游，你们口语都不好，见了老外只能比画却说不出口，后来你们发誓要一起学好一门外语，起码能做简单的交流。你在网上买了课本和教程，但学了一个月后因为工作太忙就耽搁了，于是课本被你放进了书橱。一年后，朋友又来约你去塞班自助游，你慌忙拾起课本看了几天，可见了老外还是词汇少得无助，这时你的朋友成了你的专职翻译，流利的口语让你无比羡慕。你看到此时的TA整个人都显得光彩夺目，你却不知人家为了学习口语在过去的一年花费了多少个朝朝暮暮。不能掌控自己的你就这样不知不觉地被朋友超越了。

匀速奔跑的人是那些可以耐住寂寞的人。试想当你按照自己的节奏持之以恒默默努力地去做一件事情时，是极少会有伙伴同行的，因为大家的节奏各不一样，即便偶尔会有也只是陪你走过一段。你和朋友去健身房一起做力量训练，朋友卧推可以推到50公斤了，而你才刚刚可以推到20公斤，在20公斤提升到50公斤的这段路上，你是寂寞的，因为这条路是你的专属，你只有不停地锻炼才可以有所提升。记住抵住诱惑，耐住寂寞，守住宁静。

匀速奔跑的人是默默努力的人。他们一般会很低调而且很少炫耀，甚至你在他（她）的朋友圈里都找不到丝毫关于私生活的记录，快乐和消遣是你们的，他（她）却在默默无言的努力。没有晒健身房的自拍，没有晒西餐厅里美味的饭菜，也没有晒跑步机的公里数据，只是忽然有一天你见了他（她）后发出了惊叹：你怎么瘦了那么多！那个熟悉的胖子却再也找不见。

匀速奔跑的人是有目标和毅力的人。他们通常会有自己既定的目标，并且会为了目标持之以恒坚持不懈地努力。2015年年初，比我高两届的一对学长学姐在朋友圈发了一篇计划环游中国300天的博文，他们准备三月份从深圳出发，一路北上逆时针环绕中国自驾旅行，一部车两个人300天，要走那么远的路程，再加上路途中各种未知的变数，很多人在想怎么会坚持的下来？可是到了2015年年底，他们竟然真的环绕中国走了下来，一边走一边向大家分享着沿途的风景和经历。当我们还在苦恼小假期去哪儿旅游可以从容不迫的时候，他们已经看遍了祖国的大好河山，过上了自己想要的生活。他们的名字或许你也曾听过，学姐叫阿琬，学长叫银星。

当一个人开始匀速奔跑起来的时候，他（她）是真的在认真奔跑。或许跑着跑着他（她）学完了钢琴10级，或许跑着跑着他（她）从一只菜鸟爬到了公司中层，或许跑着跑着他（她）出版了一本畅销的散文集，或许跑着跑着他（她）成了一名签约摄影师……当你还在踌躇要不要跑起来的时候，他们已经把你落得遥不可及。

嘿，朋友！奔跑起来吧，按照你的节奏匀速前进，你将会成为别人口中那个传奇的他（她）。

在得到赞赏之前，请认真做事并且耐心等待

认识朋友小A的时候，他已经从导游成功转型当了旅游达人。整天满世界飞来飞去，免费住各种豪华酒店，吃各类精致的美食大餐，到不同的国家看不同的风景，遇见形形色色的人。免费环游世界，吃得好，住得好，这是多少人的毕生梦想呀。

可当我有点羡慕嫉妒恨地对朋友说："你的工作也太爽了，该遭多少人羡慕嫉妒恨呀。"朋友微微一笑，说："与之前当导游时的生活相比，现在确实要舒适开心很多。可是你知道吗，我现在这份工作是我坚持写游记几年后得到的。做导游的那些年，我白天带团，晚上不管多晚、多困、多累，都会坚持。那时完全是凭着对写作的一腔热情，而这一写就坚持了好几年。"

我说："这是你的坚持为你赢得的赞赏。"

时间真是一个奇妙且公正的东西，你整天大吃大喝，时间久了就会发胖；你每天坚持锻炼，时间久了体型就会变得很精美；你整天游手好闲，那么即使有万贯家产时间久了也可以坐吃山空；你勤勤恳恳地努力挣钱，时间久了也可以白手起家。

因为，你做的每件事，你是否真的坚持认真做一件事，时间都看得见。坚持认真做一件事，时候到了，你自然会得到赞赏。曾经看过一篇文章说，一个人如果愿意坚持七年去做一件事情，就可以成为这一行的专家。只要你不急功近利，一步一步地坚持走下去，时间就是最好的伯乐，你想要的时间都会给你。

大学期间认识一个男孩，长得高高大大，人却傻乎乎的。军训的时候，教练让人表演节目，他就自告奋勇地跑上去，傻傻的样子还没有开始唱歌，台下的人已经笑成了一片。很多人都说他“傻”，总是想方设法去戏弄他，让他做很多自以为聪明的人不愿做的事情。但大学第一学期的英语四级考试，让我对他有了全新的认识。

那次的四级考题确实有点难，很多人的考分只是刚刚过420分的及格线，有些甚至都没有考过，而这个被我们嘲笑傻子的人因为不偷懒、不耍滑、勤勤恳恳、认认真真地坚持学习英语，在四级考试中竟然考了500多分，让我们很多“聪明人”自愧不如。

原来，我们并不是真的就比这个被我们称为“傻子”的男生聪明。其实，聪不聪明真的没有关系，很多自以为聪明的人不一定就会功成名就。仗着聪明自大自负，不再努力，最后也很难有所成就。突然想起了妈妈经常挂在嘴边用来教导我的那句老话，“聪明不干，等于笨蛋”。

单纯地靠天分去获取成功的概率，真的要比中六合彩还难。真的笨一点的话，又怎样？不是还有笨鸟先飞、勤能补拙、熟能生巧嘛，所以笨一点不可怕，只要选对方向，愿意勤奋就好。最怕的是懒惰，或者自以为聪明而沾沾自喜，自负自大。

其实想想，只要我们真的想做一件事情，不急功近利，认认真真地坚持努力着，我们想要的时间都会给的。因为，时间看得见。所以，在得到赞赏之前，请认真做事并且耐心等待。

我很平凡，但这并不妨碍我的努力

小时候，我是那种被认为是“废柴”的小孩子。

在3岁的时候，我只会讲一种南方的方言。家人送我去香港上幼稚园，却忘记要提前教我讲粤语和英语；我到了学校以后简直是吓蒙了，根本听不懂同学和老师到底在说什么，所以，根本没法回应老师的指令，整个人显得傻乎乎的。由于年纪大小，我根本就没有外语的概念，还以为自己出了问题，不敢跟大人讲自己听不懂粤语和英语。当时，老师们委婉地建议我的父母带我去医院做智力和语言能力方面的鉴定。医生们对我的情况感到很困惑；有一位医生确诊我有智力方面的障碍，建议我的父母送我去念特殊学校。

家里的亲戚们对我妈妈的遭遇很同情，经常跑到我们家里来劝说“干脆把这个孩子扔回乡下算了”“还年轻，以后再生个健康的”。他们以为我脑子有问题听不懂，每次都毫不避讳地当着我的面直接说，有个伯伯干脆称我为“废柴”。虽然在4岁那年终于跨过了语言难关，但是，我的日子仍然没有变得顺利起来。

小学的时候，我回到爸妈身边，在某一线城市的外国语小学里念书。老师们喜欢那种很乖巧，可爱，嘴巴甜，擅长跳舞唱歌，落落大方的女孩子；我相反，长得壮硕矮胖，胆子小，业余时间喜爱在草坪上打滚和看课外书。音乐老师是一个年轻的女生，特别讨厌我。她毕业于某师范大学的钢琴专业，毕业的时候刚弹到车尔尼740和肖邦练习曲；四年级的时候，我也刚好弹到了肖邦练习曲的这个进步。从理论的角度上讲，我们的演奏水平应该是差不了太多的。可是，她却格外喜爱当众嘲讽我缺乏音乐天赋，说像我这样的人注定是要一事无成的。

有一次，我夸她的鞋子漂亮，结果，她大发雷霆，不仅跑去跟我爸妈说我不尊重老师，还去跟其他老师说我是一个心肠很坏的人，经常喜爱编造别人坏话。我拼命地跟所有人说我是被冤枉的，他们都不相信。同桌曾经很恶毒地对我说，“你成绩那么好还被老师讨厌，那说明你是一个真正的讨厌鬼。”

我到底做错了什么呢？还是说，我真的是一个毫无用途的人呢？在很长的一段时间里，我都被这个深深地困扰着。我想要去对抗现实，我不要去相信自己是没用的人。事实上，我也只能这样去思考问题，否则，只能转身步入自暴自弃的道路。我很害怕走向那样的道路，因为那样，不仅人生很虚无，也自我验证了“我是个废才”的事实。

小学五年级的时候，我就对自己说，世界上某个地方一定聚集了许多像我这样的人——不被大人喜欢，但是却在某些领域有自己擅长的事情；只要我愿意努力地生活下去，就一定能找到自己的同类。所以，每次碰到自己想做又相对有天赋的事情，我都很认真地坚持做下去。有时候，我会觉得人有点点“卑微感”“自卑感”不完全是一件坏事，因为常常担心自己是废才无法让身边的人幸福，所以才更加有那种要拼命的欲望；因为常常知道自己“不知道”，才会谨慎审视自己所做的事情。包括写第二本书《你可以拥有你想要的生活》，虽然已经出过一本书，我仍然写得小心翼翼，担心会把事情搞糟。

我把生命里的事情分成了两类，并且认为，如果不想变成废才，就必须对这两类事情进行血刺。第一类是“难而无用”的事情，比如说我所学的专业，艺术、哲学、古典语言这一类的东西的。它带来的物质收益是很未知，远不如学写代码、会计，来得更实际；但是，它能完善我们的灵魂，让我们有机会去读更多的作品，从而变得更幸福饱满。

第二类的事情是“学了就能有收益”的事情，比如说各种小语种，会计、写代码，学好以后能靠它们找到一份体面可靠的工作。甚至说，擅长忽悠客户，写PPT，也是很实用的技能。如果不想变成无用之人，那么，第一类事情或第二类事情，总得擅长一件。

我也会有想放弃的时候，然而，“要努力生活下去”的信念总能把我拽回来，使得我能够继续前行。我很感谢这个信念，它使我度过艰难，做出事业上的小小成就，遇见许多善良且有才能的朋友。对于曾经伤害过我的人，我觉得他们只是不太能理解除了自己以外的事物，所以只能用嘲笑去对待“跟自己不一样的东西”。他们的存在对我而言，好像就是外面的车水马龙的噪音，有点烦，有点不可避免，但也就这样了吧。

在我看来，人们经常过度夸大努力做事情的难度，而忽略“不努力的生活方式”的代价。每天躺在家里看电视剧，看淘宝，刷网络小说和美剧，那么，就得忍受着自己的身材日益发胖，为虚无的人生状态而痛苦，也是一种很可怕的人生状态。努力或许不能让我们成为加缪、勋伯格、基辛或齐默尔曼。但是，不努力所带来的后果，也并非人人都能承担的。

在小孩子的世界里，长得丑、不够乖巧的那些会被大人讨厌和欺负；而在大人的世界里，如果你不够有钱、长得不够美，就会很容易被异性所轻视。做错事情的不是那些被欺负的人，而是那些欺负人的家伙——挤对比自己差的人，然后在现实和社交媒体中跪舔比自己好的人。人的价值的，根本不是由这些坏人所决定；人的价值，是源自于在日常生活、工作中创造了什么有意义的事情，是源自于能否让自己所在意的人感到幸福。所以，在我看来，任何一个努力为他人创造价值，努力为美好事物所奋斗的人，身上都散发着一种可贵且迷人的光芒。

踏实做该做的事，时间一到自见成效

上周在南京出差，深夜拖着疲惫跟同事聊天，畅谈至凌晨两点。

他18岁出来闯荡，没念过大学，今年38岁，是一本著名杂志的设计总监。如果这是一个老套的励志故事，我可能再无兴趣听下去。但他说，我不知道你们这代人是怎么想的。我反感几零后几零后的区分和标签，我跟很多自己的同龄人聊不来。人是靠价值相互认同的，而不是年龄。其实，每一代人都有自己的苦闷，都是这么过来的。你要说奋斗什么的，我从来没有，就是一步步来。房子、车子这些东西，说真的，只要你不傻不笨，踏实做该做的事，到时间都会有的。别去想它，别去管别人怎么做，相信自己的判断。守得住，慢慢来。

原新东方老师李笑来在《把时间当作朋友》里写："我们总是对短期收益期望过高，却对长期收益期望过低。"他指英语，也说人生。说来说去，还是急。

有人说，你想成为什么样的人，就到那个人身边去。并不是每个人都有这样的幸运，但这句话或不只关乎职业生涯，也关乎生活智慧。人们容易放大眼前的痛苦或成就，跟年长却开明的前辈交流，他们一望便知你正经历怎样的阶段，现在绊倒你的，不过是一颗螺丝钉；你愁肠百转看不穿的，或许是他们也曾有过的迷茫。

在18岁至23岁那段时间，我很爱翻阅名人履历。每知晓一个令人羡慕嫉妒恨的人，便去搜寻他的经历——几岁硕士毕业？何时修完的博士？多大年龄开始在职业领域崭露头角？何时达到今日的成就？

年龄，年龄，年龄，那是一种对时间的焦虑。张爱玲一句“出名要趁早”。害了不知多少人。我反感成功学，因为显而易见，不是每个人努力都能成功，但我确信自己是幸运儿中的一个。我野心勃勃、精力充沛；我狂妄自大，对自己在外形和才华上的优势得意洋洋扬扬；我思考一切严肃的话题，阅读跟这个世界奥秘有关的书籍，向古往今来浩瀚的文明致敬；我期待人们在出版物上阅读我的文字，在媒体上谈论我的名字；我向往名声、金钱，我反复阅读许知远《那些忧伤的年轻人》，为另一个同样骄傲的灵魂而心潮澎湃。

可我才24岁。

所有的名人书籍、讲座都告诉我。一个人要知道自己想要什么，才能做成事情。但是，你问一个刚刚告别枯燥的高中生活，对世界和生活的认识刚起步的年轻人，他想要什么？他想要优异的成绩、同学间的声望、漂亮的女朋友，他还想要毕业后找到令人称羡的工作，尽快赚钱、成名、成功。

20岁出头的年纪，不知道自己想要什么，不仅不是灾难，反而可能是一件幸事。

但你一定知道自己是谁，对什么事感兴趣吧？如果连这都不知道，就真的是灾难了。

知道对什么事感兴趣，就一点点做起来吧。无论多少声音试图扭转你，说你热爱、着迷的这件事情没前途、没发展、没出息，都请悠悠地对他说：This is my own life。

不为什么，因为热爱。千金难买热爱。

朋友问我，以后想做一个出色的记者吗？我说，不知道。他诧异，你不是混传媒圈吗？我亦诧异，为什么要在20岁出头的年纪就给自己的人生下一个定义呢？难道这个年纪不应该是尽一切可能伸展自己的触角，去触摸不同的、多元的事物，感知并观察丰富、蕴藏无限可能性的世界吗？

下了定义，即关上了可能性的大门。你怎知日后不会遇到更令自己好奇、亢奋的事情？我为什么不能去做职业旅行家？为什么不能在码了几年字后，突然迷上了摄影？为什么不？

若你回头梳理自己的人生履历，花些心思，会看到一条似乎清晰的轨迹和路线，进而“恍然大悟”：我正是循着这样的路一步步走来的，原来我从一开始就是想要成为这样的人啊！

若干日后我莫名其妙成了一名电游玩家，我在个人传记里也可以深情回顾“我从小就立志做一名职业电子游戏玩家”。因为我4岁开始玩电子游戏，至今仍不辍，算得上发烧友。

我一直对“规划”二字持有戒备，所谓职业规划、人生规划，忽悠者众。

人生是靠感知的，如何规划呢？职业生涯是靠机遇和摸索的，如何设计呢？

如果我四五十岁时有机会受邀到年轻人中去开个讲座，一定要叫作《我的人生无规划》；如果我混得灰头土脸，在世俗意义上是个无人问津的小人物，那我就跟自己的孙子吹吹牛，讲讲“无规划之人生”中好玩儿的故事。

当真连自己喜欢做什么，该如何活都不知道吗？想赢怕输罢了。该做些什么、走什么样的路。难道不是循着内心的声音一步步摸索、试探出来的吗？走岔了，就退回来；走得急，就缓一些。时不时停下来想想，望一望，琢磨琢磨，再继续走。

怎么可能不摔跟头呢？怎么可能诸事顺利呢？怎么可能有条一马平川叫作“成功”的路供你走呢？不多尝试一些怎知自己喜欢什么适合什么呢？

从事并非自己志趣的职业问题并不大，业余时间发展偏好就是了。但我后来才醒悟，比“不能从事自己喜欢做的事”灾难性一百倍的，是压根“不知道自己喜欢做什么”。

我曾很喜欢一个朋友的签名“成为更好的人”，这句不疾不徐却又溢满坚定的话，曾无数次给我力量。如今我却感觉这句话充斥着“更高、更快、更强”的进步论腔调。成为更好的人？如果今天陪母亲坐在太阳下漫无目的地聊一下午天，童年、成长、家庭琐事，有没有成为更好的人？如果今天没读维特根斯坦的传记，没点击韩寒最新的博客，没有刷新微博，只是给自己做了一顿可口的饭菜，躺在恋人的臂弯里发呆，算不算荒废生命？

这一代年轻人可能面临着某种吊诡的自我矛盾，一方面，我们是前所未有早衰的一代，18岁开始苍老，20岁开始怀旧，尽管仍在青春，“你爱谈天我爱笑”的时光竟成了一代人的集体乡愁；另一方面，我们拼命地想要向前奔跑，想要稳定、无虑的生活，想要拥抱住某种确定感，焦虑着，想要立即像三四十岁的人那样，车房不缺，事业成功。

你，你，你，真的享受年轻吗？为何你一边怀旧一边还在努力奔跑？你，你，你，真的珍惜可能性吗？为何我看到你宁肯早衰也要拥抱“生活的终结”？

生活更美好的可能性，难道不在于这缓缓经历的——一步步、默默感知的一天天，而在于未来的宏大规划？

一步步，一寸寸，一点点，一天天，慢慢来。

我不知道自己最终要去哪里，还在一边晃悠一边张望，走一步停一下，摸摸这个碰碰那个，试图去感知、观察、理解这个世界。新鲜好奇着呢。但我确定，我只会走自己想走的林荫道：我确定。我会像哈维尔说的那样，遵从自己的内心，活在真实里。

所有的成长和伟大，“如同中药和老火汤，都是一个时辰一个时辰熬出来的”。

每一天，都朝着自己崇拜的人近一点

在朋友眼里，我是一个没神经、没大脑，赚一元钱花两元浑浑噩噩过生活的人。我一般不在意，也觉得没什么大不了。人生嘛，就是笑笑别人，再让别人笑笑。

在我的心里，一直有一句十分俗气的话：成长，就是不断妥协的过程。说它俗气，因为太多人和我讲过这个道理，他们告诉我妥协的必要性和不可回避。我承认它是有道理的。可是我不愿意被别人告知。我喜欢自己去慢慢地一路走来，然后觉得这句话不是俗气的，而是真理。

有一朋友，跟我打电话的时候抱怨生活多累多苦，我很想跟他说少追求一点生活会不会轻松点，但还是笑了笑没说出口。现在这个社会，苦和累已经成了衡量一个人是否成功的标准，我怎么忍心剥夺他享受成功的喜悦呢？

我们都按自己的方式努力的生活着，或许有意义，或许毫无意义，这就是一种我思故我在的状态。10岁、20岁、30岁……不同的环境和心境，领悟都会改变。没有谁好谁坏，这就是成长。优秀的人是连成线的，你通过一个就能看到另一个。

周围的人，有的结婚了，有的出国留学，有的在拿到了丰厚的奖学金读研……永远都有比你更高的分数，申到更好的学校，找到更高薪的工作，永远都在仰望别人的高度。但总觉得别人定义的快乐、成功、未来都不是自己的。起码，要尊重内心。这样的生活才是实实在在、一分一秒度过的。

我不确定别人身上闪闪发光的东西是不是我想要的生活。但我强大了许多，像混合着沙子、木屑的沙袋，却没人知道里面也放了柔软的棉花。“承认吧，小疯子，你这是在嫉妒。”“哼，才不是嫉妒。”“你就是在嫉妒……”呵呵，好吧，你就当我是在浮夸吧……

我们都曾经有过无数的选择，到最后的都是各自性格的宿命。要坚信各自都会到达对的地方，只要为我们的方向奋不顾身过，用尽全力。我们都为我们各自的收获付出了代价，不要羡慕也不要自卑，请每一天，更喜欢自己一些，或者说，每一天，都向着自己所崇拜的人，前进一点。

其实我不太喜欢听成功人士讲所谓的成功经验，总觉得每个人有每个人努力的方式，成功没有捷径，认真生活，我们都会拥有世界。人生到底该往哪走，每个人的答案都不同。

走到生命的哪一个阶段，都该喜欢那一段时光，完成那一阶段该完成的职责，顺生而行，不沉迷过去，不狂热地期待着未来，生命这样就好。不管正经历着怎样的挣扎与挑战，或许我们都只有一个选择：虽然痛苦，却依然要快乐，并相信未来。

我们不要焦急我们30岁的时候，不应该去急50岁的事情，我们生的时候，不必去期望死的来临，这一切，总会来的。是的。我们就是现实版的Sex and the city。十指力赚，去买那么一朵钻石花，但绝不为了那么一朵钻石花，丢了自己，丢了人生。

我知道又有人要说我故作清高了，有时候我也在怀疑我所鄙视的一切是不是将来我将变成的一切。我的力量那么渺小，除了随波逐流还能做些什么呢？也许这个世界有太多的不尽如人意，但我一直相信这个世界是可爱的，我只是对自己失望，花都开好了，可我却叫不出它们的名字。我不去周游世界，但希望我的心中可以装下整个世界。

我信自己，而不是信路。我相信自己可以走通这条路，而不是相信这条路可以成全我。这才是人生。我只承认人格、爱和梦想。无关性别、财富、权力和其他。如果你还在为自己孤单寂寞怀才不遇、举世皆浊我独醒而深深叹息的话，那么让我告诉你，你买不到那个彩票的，别再把你时间的积蓄两块、两块地花出去。人生若有知己相伴固然妙不可言，但那可遇而不可求，真的，也许既不可遇又不可求，可求的只有你自己。所以，不用去羡慕别人，你只是一直用自己的方式努力生活而已。

那个超出同龄人成熟的男生，我佩服你忍耐坚韧，也佩服你遇事沉着，思前想后的周到。只是我总觉得对权力、金钱有太强渴望的男人，让人害怕。但是，我多希望你最后能实现你的梦想。有梦想的人，我总是忍不住想听那心里生命的声音。不管你说的、他说的这世界如何、这社会如何，我始终不怀疑生命的坚强。

每个生命里，都有对爱和梦想的渴望。每个人，都有自己努力的方式。不抱怨不诉苦，最后度过了这段感动自己的日子。不要着急，慢慢来，你会看到你的未来。

你不是失败，只是太急功近利

那年，刚大学毕业的他在一家销售公司做业务员，整天奔波在大街小巷推销产品。

他读书时的理想是做编辑或记者，他觉得自己上学所学的都做了无用功，没上过大学的人也可以去推销产品啊，不知道这样的生活何时才有个尽头。直到有一天，一位老人的话语给了他莫大的启示，他才对这种认识产生了转变。

那天下午，拜访完一家客户在一个广场休息，他见到一位鹤发童颜的老人拿着一米多长的毛笔蘸着水写字，字迹不一会就随着水的蒸发消失了。围观的人都赞叹老人的书法好，真是可惜了。他也深有同感。

老人休息时，他和老人聊天得知老人是一位书法家。他对老人说，这么好的字真可惜了，你这是在做无用功啊，写在纸上多好啊，估计得卖好多钱呢。

“每天出来蘸着水写写字，呼吸呼吸新鲜空气，锻锻炼炼身体，怡养了性情，还练习了毛笔字，怎么能说这是做无用功呢？”老人笑呵呵地对他说。

了解了他的情况后，老人对他说：“年轻人要把自己的经历当作人生的一份财富、多积累经验，多提高能力，不要计较一时的得失。年轻人，慢慢来，脚下有路，只要走，总会走得到的。”

离开后，他仔细咀嚼老人的话，觉得十分有道理，无用也是有用，无用也有大用啊，人生需要坚持，坚持总要付出代价。爱好写作的他一边工作一边参加了汉语文学本科的自学考试。在跑业务的过程中，他积累很多写作素材。他把这些素材写成许多文章还发表了。因为不错的文笔，他被公司调到办公室做文字工作。再后来，他有机会进入了一家杂志社，虽然薪水不高，但他很热爱这份工作，也有了宽裕的时间看文章读书写作。他写了很多文章，其中没发表的也有不少，他就当作锻炼自己的文笔。在杂志社工作的几年里，他发表的文章也逐渐多了起来，而稿费几乎和薪水相当。多年后，凭借不错的文笔，他进入了一家报社做编辑工作，实现了他归初的梦想。

在我们的人生旅途中，出过的力，流下的汗，滴下的血，真的从来没有白费过。昨天和今天的努力，也许不能及时得到回报，可是，它磨炼了你的毅力，充实了你的生活，丰富了你的人生，难道说这不是无用之大用吗？

生活中，急功近利的人太多了。当然，谁不想种瓜得瓜，种豆得豆？可是，当我们的努力得不到收获时，不必怨天尤人，无须丧失进取心。请相信，这世上有一种无用叫有用，它将会给我们以后的人生打下更坚实的基础，它将会使我们的未来的人生道路上越走越宽广，越来越充满花明晴光。

捷径，其实是最远的路

我给高三学生布置了一道材料作文题。材料的内容画的是一组漫画：一群人，每个人背着一个超过身高的硕大十字架在埋头赶路。他们走得好辛苦啊。在这些人当中，有一个人开始动脑筋了。他趁人不备，用锯子把十字架的末端锯下去了一截。嘿，明显轻松了许多。很快，他就走到队伍的前面去了。在某方面尝到了甜头的人，会一次次地萌生以同样方式追求甜头的心思。这个人也不例外。他再次拿出锯子，把十字架的末端又锯去了一截。更加轻松了。他得意地哼起了小曲。突然，面前出现了一道深谷。背着十字架赶路的人们纷纷把长长的十字架搭在深谷的两边——彼时拖累人的十字架，此时化作了通向彼岸的桥梁。那么多人，轻松愉快地从自己的十字架上通过，如愿以偿地走到深谷那边去了。而那个取巧的人，却因为变短的十字架无法架在深谷两边，而永远被留在了深谷这边……

与其说我给高三学生提供了一道材料作文题，不如说我给他们提供了一种人生镜鉴。终于废寝忘食地熬到了高三，背上十字架的分量陡然加重。百套卷、千道题、万种法——你可生出了偷巧的心？锯子在身内，锯子在身外。锯子的利齿，随时乐意帮你锯掉沉重十字架的末端。但是，深谷不迁就短处，残缺的十字架只能编织残缺的梦，因为它无法连接梦想的两岸。

何止高三？人生时时处处不都是如此吗？

“小聪明”不是“智慧”，但“小聪明”往往比“智慧”更容易博得当下的掌声。当一个个十字架被聪明的手一次次地锯断锯短，卸了重负的人在偷笑，愚钝的裁判员看不出这个冲在最前面的运动员原是作弊者，激动万分地宣布了一项新纪录的诞生。深谷没有出现在今天，深谷甚至也可能不会出现在明天。但是，深谷总是不动声色地横亘在我们必然经过的前方某处，等着在一个绕不开的时刻看我们的笑话。

饮鸩止渴、剜肉补疮、聪明反被聪明误，古人造出了这些词，预备给后人恰当地使用。而我们，果然就用上了，并且用得恰当到让人悲凉。是谁，天生一颗偷巧的心，锯短十字架成了欲望的本能动作。残缺的十字架，诅咒般地投影于你我他的生活——餐桌上有之、马路上有之、空气中有之……只有汇报材料的数据中没有，但这是一种更大的取巧。

什么时候我们才能彻底明了：捷径，其实是最远的路；偷来的巧，其实是致命的拙。

人生的每一步都要认真地对待

去云南丽江旅游，导游是位20来岁的摩梭族小伙子，人很好，不仅很热情，而且还很幽默。虽算不上出口成章，但说他妙语连珠却一点也不为过。

小伙子有个口头禅——“一般人我不告诉他”，他每讲完一个有趣的段子，总不忘加上这句口头禅。以至后来，他刚说完一段话，我那几个俏皮的女同事就争先恐后地替他补上一句“一般人我不告诉他”。

在丽江和泸沽湖的三天行程期间，小伙子讲了很多个让人捧腹的段子，也说了无数个让人喷饭的句子，但我印象最深的却不是他的幽默，而是他说过的一句貌似深刻的话。

那天在旅游大巴上，不知道坐在前面的几个女同事和他聊了些什么，聊到高兴处，他突然拿着车上的麦克风很大声地说：“人生只有两步，左脚一步，右脚一步。”说完还一脸严肃地补充道，“这是我阿咪说的。”说完这句又一改严肃的表情，一脸坏笑地说：“一般人我不告诉他。”

车厢里又爆发出一阵笑声，小伙子这回没有随着大家一起笑，而是很认真地说：“我阿咪没读过多少书，也没什么文化，这是她说过的最有哲理的一句话。我真的不告诉一般人的。”

阿咪就是妈妈，摩梭人管自己的妈妈叫阿咪。看得出来，他很敬重他的阿咪，从他说那句话时严肃的神情就可以看出，幽默惯了的他难得严肃一回还真让人有些不适应。

从丽江归来已有快三年光景了，很多美好的景致已经变成了点点滴滴的回忆，只有在偶尔翻看照片的时候才会想起，但那个摩挲小伙的那句话却始终萦绕在我脑海里，迟迟不肯离去。

是啊，我们一生的奔波，原来只是两脚的距离，“左脚一步，右脚一步”。一只脚踩空了不要紧，只要另一只脚还没有迈出去，就还来得及稳住身体；一只脚踏错了也不要紧，只要另一只脚还没有跟上去，就还来得及收住身体。

如果两只脚都踩空了，那就肯定要掉下深渊了，至于是化险为夷还是粉身碎骨，那就要看你的运气了——你掉下的是万丈深渊还是三尺土台。

如果两只脚都踏错了，那就肯定要“失足”了，是“一失足成千古恨”还是悬崖勒马，那就要看你的造化了。关键时刻，是否有人在背后拽一下你的衣领或者袖子。如果被拽了回来，那是你的幸运和造化，只要悔过自新，你还有回头的机会；如果没人拽你，十八年后你就又是一条好汉了，只是下辈子千万别又一不小心失足了。因为，“人生只有两步，左脚一步，右脚一步。”

不起眼的大成果

姨家在乡下，姨父包了一片水塘，种莲藕。

夏季最热的日子，酷暑难耐，但一想到姨家那片荷塘，一股清凉的感觉瞬间传遍全身。暑假里，带孩子去姨家走亲戚，说白了，是把姨家那个小村当成了避暑山庄。在姨家只坐了一小会儿，我和孩子就迫不及待地要跟着姨父去看荷花。

水塘不大，但密密麻麻站满了荷，她们穿着一样的绿色超短裙，在水波的荡漾中轻舞。荷的腰肢纤细轻柔，荷的裙袂蝉翼飘然，一片片的荷叶犹如鱼儿在水中放出的风筝，碧水是鱼儿的蓝天。整个荷塘里笼罩着一层淡淡的荷香，清新而又甜蜜。深吸一口气，唇齿留香，被太阳炙烤得有点发了蒙的脑袋，瞬间变得清朗了许多。

荷叶间点起了数不清的“火炬”，“火炬”发出的是柔和的粉红色的光团。绽放的荷花，犹如美丽少女的笑颜，怕是观世音来了，也不忍在花上落座。败了的荷花，也自有她的风景，一个个墨绿色的莲蓬，恰似是一只只放倒了的淋浴喷头。

姨父划着一条小木船，载着我们在荷塘中穿行，阳光炽热，他折了几片荷叶，让我们顶在头上。又摘了几个莲蓬让我们品尝。用手轻轻剥开蜂窝一样的莲蓬，浅绿色的莲子仿佛调皮的孩童蹦入到手心。10岁的女儿抢先把莲子扔到嘴里，嚼了一口，又吐了出来。

新鲜的莲子要去芯才能吃的。我笑着示范给女儿看，去除了莲子芯的莲子，清香爽口，令我和孩子都欲罢不能。

姨父穿上皮裤，要下水挖莲藕招待我们。几根普普通通的莲藕，姨能做出十几道味道迥异的美味。

我看到小船上还有一条皮裤，也跃跃欲试，提出要和姨父比赛，挖莲藕。

姨父身材瘦小，年轻力壮的我自信在挖莲藕上不会输给他。

荷塘里的水只有齐腰深，但水底有一层厚厚的淤泥，走在水中，我感觉好像陷入泥潭里，举步维艰。而姨父动作轻巧，已经轻松挖出一条胳膊长的大莲藕。

我贪功心切，专拣大荷叶底下摸索。但几次都无功而返。

姨父提醒我道：挖莲藕是有技巧的，最招摇显摆的大荷叶下一般都没有莲藕，不起眼的、叶子较小的荷叶下才可能有莲藕；并且莲藕生长的方向和荷叶生长的方向是一致的，选准了目标荷叶，然后顺着荷叶的方向，用脚在荷叶下的水中摸索、踩踏，就可以轻易地把莲藕挖出来了。

按照姨父传授的方法，我果真也挖到了两根莲藕。

依照民间的说法，人吃了多孔的莲藕，似乎脑袋就会开窍，变得聪明许多。在我眼里，荷定然也是一种聪明的植物，在水面上，她充分展示了自己的风姿和优雅；在水下，她也没有忘记结出丰硕的果实。

假如你糊弄了生活，生活也会糊弄你

一个20多岁的年轻人，参加同学聚会，当年一起读书的同学，大多在读大学，考研，考博。席间，大家谈笑风生，山南海北，古今中外，畅谈人生。他一句话也插不进去，好不容易熬到同学会散了，他逃跑一样离开了。回到家里，他睡不着觉，想起自己少年时代，贪玩、打架、惹事，别人刻苦读书，他嘲笑人家是书虫，又呆又笨。青葱岁月，弹指一挥间，就那样被自己挥霍掉了。如果再重新来一次，他想自己一定会珍惜的，只是人生没有如果，也不可能重新来过。

一个30多岁的青年人，参加同学聚会，当年一起读书的同学，大多学有所成，在一方天地有所建树，或者在某一个领域小有成绩。再看看自己，大学毕业这些年，走马灯似的，工作换了一个又一个，每一个地方都待不长久。刚开始，老是找客观理由，什么领导不体恤下属，同事难以协作，工作自身局限性大，没有发展空间等等，诸如此类的理由，有一火车都不止。时间如流水，过了很多年，自己还是某家单位里刚跳槽过去的新人。感叹命运的不公吗？感叹人生的无常吗？其实都不是。

一个40多岁的中年人，参加同学聚会，当年一起读书的同学，大多是一家、一家一起来的，妻子温柔体贴，孩子天真快乐，一家人幸福美满。唯有他，一个人形单影只，既无妻，也无子。不是他没有机会幸福，而是他一次一次地把机会错过了。这个不够漂亮，那位不够温柔；这个学历不高，那位工作环境不好。他从来没有想过，自己是德才兼备的完人吗？凭什么要求别人完美？好不容易结了婚，又无法容忍对方的小缺点、小毛病，最终还是离婚了，他成了孤家寡人，一个地道的幸福旁观者。

一个50多岁的壮年人，参加同学聚会，当年一起读书的同学，大多身体健康，身体硬朗，腰板挺直。50岁，本来就不是很老的年纪。可是看看自己，居然有些惨不忍睹，腰也弯了，背也驼了，而且早生华发，亚健康像一个看不见的杀手潜伏在身体里。究其原因，是自己的先天条件比别人差吗？当然不是。一年到头，忙于应酬，生活没有规律，饮酒过量，吸烟无数。别人健身的时候他懒散，别人睡觉的时候他熬夜，极度透支和挥霍健康，他的身体能不比别人差吗？

俗话说，什么季节开什么花儿。人也一样，什么年龄做什么事儿。选择自己的人生目标，然后不停地奋斗和努力，生活中的很多事情都不能等，比如，孝敬父母不能等，享受天伦之乐不能等，一等从此成蹉跎，等到身后的门都关上，就什么都来不及了。你糊弄生活的时候，生活也糊弄你。